认知觉醒

勇敢突破舒适圈

李小木◎著

台海出版社

图书在版编目（CIP）数据

认知觉醒：勇敢突破舒适圈 / 李小木著 . -- 北京：
台海出版社，2022.4
  ISBN 978-7-5168-3225-7

Ⅰ . ①认… Ⅱ . ①李… Ⅲ . ①成功心理－通俗读物
Ⅳ . ① B848.4-49

中国版本图书馆 CIP 数据核字（2022）第 025913 号

认知觉醒：勇敢突破舒适圈

著　　者：李小木

出 版 人：蔡　旭　　　　　　　选题统筹：邵　军
责任编辑：吕　莺　　　　　　　产品经理：张志元

出版发行：台海出版社
地　　址：北京市东城区景山东街 20 号　邮政编码：100009
电　　话：010-64041652（发行，邮购）
传　　真：010-84045799（总编室）
网　　址：www.taimeng.org.cn/thcbs/default.htm
E‑mail：thcbs@126.com

经　　销：全国各地新华书店
印　　刷：北京旺都印务有限公司
本书如有破损、缺页、装订错误，请与本社联系调换

开　　本：880 毫米 ×1230 毫米　　　1/32
字　　数：130 千字　　　　　　　印　张：7.5
版　　次：2022 年 4 月第 1 版　　　印　次：2022 年 5 月第 1 次印刷
书　　号：ISBN 978-7-5168-3225-7

定　　价：49.80 元

向内探索，实现能力突围

　　面对生活中出现的各种困难，越是无能为力时越要静下心来学习。比如，读书或学习一项技能，这样既能转移各种不好的情绪，也是解决困难的方法。

　　外部环境是复杂的，更是难以改变的。当我们无力应对外部环境时，就要改变自己，通过学习，挖掘出自己的优势，提升自己的能力，找到解决问题的方法。

　　2019 年，我筹备了自己的线上读书会，承诺在一年时间内通过音频给读者朋友们拆解 100 本精品好书。会员们表示读书不但会丰富自己的精神世界，还会使自己看待事物的眼光和格局发生变化。

　　一位女性朋友，有段时间正好失业加离婚，心情抑郁得很。我推荐她读一些心理学方面的书和历史书，书中蕴涵着太多智慧，可以帮助我们正确认识自己和这个世界的关系。因为，假如把时间放在一个宏观的范围内去丈量，万事万物只不过是沧海一瞬。

"能力圈内行动，舒适圈外学习。"我把这句话发给她，脑海中的种种往事纷纷显现。

一个人，若没有亲自体会过对自己能力的拷问，如何在生活中如鱼得水？因为所有的舒适，不是面对生活坐享其成，而是处理问题游刃有余。

几年前，我遭遇过人生低谷：事业不顺，经济窘迫，人脉凋零……总之陷入了困境。为了尽快改善当下的局面，我和先生开了一家烧烤店，轰轰烈烈地干了两个月，赔了；又跟着哥哥到公园摆地摊，每天风吹日晒，也没赚到钱，尝尽了生活的酸涩与苦楚。

在一个人的深夜，我开始哭，为什么别人都那么幸运呢？为什么生活要这么对待我？我难道还不够惨，不够努力吗？

本就被失眠困扰的我，常常辗转反侧到天亮。那时的我，完全看不到未来的方向，整天在自我怀疑中打转，甚至觉得自己活着就是一种错误。

大学宿舍的密友来找我，看到我郁郁寡欢的模样，心疼地说："你怎么变成了这样？脸上满是愁云惨雾。"

"我什么都做不好，什么都做不了……"我继续待在自己划定的牢笼中，感觉外界的一切都与我无关。

如今回想起来，特别有感触。现在，别人眼里的我，怡然自得、顺心如意。他们不知道，以前的我，有多么卑微、怯懦、糟糕、不堪和落魄。

"你要做自己擅长的事啊！不要辜负了你的写作能力。"好友一句话点醒了我。

我恍然大悟，原来我只是没有找到自己的能力圈，做的都是一些无谓的努力。向外探索世界，向内探索自我，努力发现和挖掘自身的优势，可以成就独一无二的自己。接下来的时间，我开始广泛阅读书籍，练笔写字，研究大师们的写作方法，百转千回下终于赢来了人生的重要转机。

绝处逢生，柳暗花明，是对努力者最好的奖赏。

如果你也有过相同的困惑，不妨问问自己：在哪些事情上，你可以比别人做得又快又好？你可以赢得别人的赞许和积极关注？

那个失业加离婚的朋友，困惑的原因正是失去了自我。身为一个全职家庭主妇，她习惯围着锅边灶台，打理一家人的吃喝拉撒，这份工作本来是非常有价值的，但在不懂珍惜的家人看来，无法量化，也就无法产生身份认同，更无法给予理解和包容。

离婚后，她带着三岁的儿子回到娘家，开始自己的谋生之旅。她应聘过文员，当过柜姐，做过销售，因为要照顾孩子，每一份工作都做不到两个月，日子过得糊里糊涂，如陷沼泽。一次偶然的机会，她在直播平台上展露自己秘制的私房菜，引来众多网友围观，短时间内竟聚集了不少粉丝。她乐在其中，每天不停地学习和研究新菜品，终于挖掘出了自己潜在的能力。

"看来我还不算太差。"她把自己打扮得精致美好，拥抱生活拥抱爱。

世界是美好的，浪费人生大好的时光，就是浪费生命。只有硬着头皮走过那一段泥泞，破除心中的壁垒，打开自己世界的大门，才会发现险峰后的无限风光。

仔细想想，谁没有经历过暗淡无光的日子？谁没有熬过崩溃痛哭的深夜？谁的人生总是要风得风要雨得雨？每一个人每一天都在努力奔跑，追求内心的喜悦和平静。

我几年前重拾写作，除了每天上班的八个小时，业余时间都在台灯下书写一段段喜怒哀乐的故事，为此我推掉了几乎所有的社交，一个字一个字地和文字"死磕"。什么时候能有个结果？我不知道。我只知道通过笔下流淌的清河，将我的梦想涤荡得愈发纯粹。

接到出书邀约之后，我的眼泪涌了出来。上一次是在电影发布会结束后，我一个人躲在卫生间偷偷抹眼泪。是激动、是兴奋、是苦尽甘来、是梦想实现？不，是我终于看清了我自己。

　　米兰·昆德拉说："人永远都无法知道自己该要什么，因为人只能活一次，既不能拿它与前世相比，也不能在来生加以修正。没有任何方法可以检验哪种抉择是好的，因为不存在任何比较，一切都是'马上经历'，仅此一次，不能准备。迷途漫漫，终有一归。"

　　我深以为然。人生如画，每个人皆是自己的执笔者。

　　谨以此书献给每一个暂时处在迷茫阶段的朋友，愿你向内探索，多学习，实现能力突围。无论何时面对生活的挑战，都能踏马而去，乘胜归来！

李小木
写于 2021 年春日午后

目录

Chapter 1
在"认知圈"内觉醒

Chapter 2
保持自我成长的动力

Chapter 3

在"舒适圈"外拓展自身能力

Chapter 4

把"舒适区"变成"学习区"

Chapter 5
静下心来等一朵花开

Chapter 6
尊重一直在突破的自己

Chapter 1

在『认知圈』内觉醒

实力不允许时，选择向内探索

毛竹是一种生长速度很慢的植物，四年只能长到 3 厘米，但四年之后，它几乎每天都能长 30 厘米。在夜深人静的夜晚，人们甚至能听到它们拔节生长的声音，再用 6 周时间，它们就可以长到 15 米。

毛竹初期生长缓慢，那为什么四年后就能快速生长呢？其实，毛竹不是生长缓慢，只是在初期的时候，选择了向内探索，向下生长，它用四年的时间壮大自己的根系，它的根须在土壤里盘根错节，可以延伸数百米。正是这数百米的庞大根系，才能让毛竹在四年后的短时间内，迅速成长为繁茂的竹子。相反，如果毛竹熬不过去前四年那段艰难的时光，便永远见不得天日。

我们人也是一样，从出生到上学，再到走向社会，任何阶段，要想让自己强大，都要首先提升适应能力，认准一个目标，扎实基础，这样才能更好地面对生活中的风雨，让自己茁壮成长。

我老家的一个男孩，考上了自己梦寐以求的浙江大学。收到录取通知书的那天，男孩喜极而泣，养他长大的爷爷奶奶更是泪流满面。因为这一路走来，男孩真是太不容易了。

男孩的父亲是个残疾人，有重度耳疾，几乎听不到任何声音。母亲生下他不久，便借口外出打工，从此一去不回。他八岁时，父亲因病去世，只留下他跟着爷爷奶奶一起生活。

由于生活条件差，又没人给他"撑腰"，在学校时他没少受欺负。回到家，他曾哭着对爷爷奶奶说不想上学，这日子过得太苦了。爷爷对他说："孩子，你必须要吃得了别人吃不了的苦，才能享得了别人享不到的福。我们起点比别人低，读书是唯一改变命运的机会。熬吧，熬过一天是一天。熬过去，你就成功了。"

男孩望着满脸皱纹的爷爷，默默地点了点头。为了不被别人看低，不再重复父亲悲苦的一生，尽早报答爷爷奶奶的养育之恩，从小学到高中，他每天都咬着牙努力学习。

从初中开始，男孩每天只睡五个小时。晚上学到十二点，早上五点准时起床。即使是在等公交车，也要背两个英语单词。初中毕业时，他的学习成绩已经是年级第一。

上了高中，他更是一分一秒都不敢松懈。为了节省时间，他给自己规定吃饭只能用 5 分钟，从宿舍到教室常常一路小跑。晚上熄了灯，他就去楼道借光。尤其是高考前的冲刺阶段，他给爷爷奶奶打了一通电话之后，就把自己封闭在了学校。3 个月过去后，身体本就单薄的他瘦了整整 12 斤！

"你是不是有病啊？怎么这么瘦？"有的同学问他。

他不说话，只是笑笑。好男儿胸中有丘壑，腹中有乾坤。终于，他向别人证明了：一个残疾人的儿子，一个缺乏父母关爱和引领的小小少年，一个没有上过任何辅导班的学生，熬过了最深重的苦难时期，迎来了自己的辉煌时刻。

"我的梦想是学有所成，将来让爷爷奶奶享清福，改变我们这个家族'世袭制'的贫穷命运。为此，我已经做好了继续接受生活煎熬的准备！"他在采访中如是说，人们对他赞不绝口。

适应能力决定了一个人的生存能力。在这个瞬息万变的时代，面对充满变数的人生，如果我们总是对新的环境不适应，就会消极对待生活，从而影响自己的生存能力，这个时候，要想让生活变好，唯一的办法就是要不断地调整自己、改变自己。正如鲍勃·康克林所说："重要的不是环境，而是对环境做出的反应。"

人生在世，会面对各种各样的欲望，但欲望也有积极的一面，在某种程度上是实现自我的动力。

我的同事晨歌，最后悔的一件事就是轻易放弃了本应属于自己的成功。她毕业于北京一所名牌大学，研究生学历。毕业分配到我们单位的时候，办公室的人都很看好她，因为她的学历、形象、谈吐，是几位与她一起入职的年轻人中最出色的。如果她能多付出一点，成功必定会青睐她。

但是晨歌却不这么想，她觉得工作太苦。既不想加班，也不想承担责任，每当领导想交给她一些有挑战性的工作时，她总会找理由推辞，甚至直接说"我不会"。

另一位同事兰兰，和晨歌同时入职。兰兰毕业于一所普通得不能再普通的二本院校，基础比较差，专业也不太对口，但她内心深处有一个在别人看来纯属白日梦的梦想，她希望凭借着自己的能力进入公司的管理层，拿几十万的年薪，好让自己和家人过上更好的生活。

这个在旁人看来可笑的梦想，兰兰没有向任何人说过，平日里，没有任何逆袭资格的她，一心一意地扑在工作中，兢兢业业，任劳任怨，抱着积极的态度去学习和锻炼，从不推诿或逃避责任。工作之余，她"恶补"专业知识，甚至省吃俭用，考取了精算师证书。

　　面对兰兰工作上的拼命，晨歌不屑，说："兰兰，你真是个傻姑娘，表现有什么用，论资排辈得慢慢熬，反正迟早会成为主管的。"兰兰听后，不置可否。

　　四年后，一直埋头踏踏实实工作的兰兰，凭借笨鸟先飞的精神，渐渐地在单位中有了起色。此时，赶上单位大调整。公司宣布，将提拔一批人做中层主管，同时，也会调岗或劝退一些人。

　　晨歌觉得自己有学历有实力，信心十足，对提干也胜券在握，而兰兰却不被人看好。晨歌觉得兰兰虽然平时工作加班加点，但学历低，又不聪明，能不被劝退就万幸了。然而，没想到的是，在第一轮的能力测试中，晨歌惨遭淘汰。不起眼的兰兰则凭借着平时的知识积累、业务熟练程度以及良好的人际关系，从众多竞聘者中脱颖而出，成为部门主管，走上了更广阔的职业舞台。

　　如今的晨歌，与兰兰的差距越来越大，她悔不当初。既然有当主管的梦想，为什么不肯为自己的梦想努力呢？这天下哪有免费的午餐？凡事都要靠自己去争取啊。同样是"熬"，一个是熬时间，一个是熬自己，"熬"出的结果却大相径庭。

　　面对差异，晨歌还想不明白，她以为自己永远是那只金凤凰，她认为兰兰过不了多久，就会因为不能胜任工作而被降级。

但事实上，兰兰在新的岗位上如鱼得水，甚至在年底还因业绩突出评为"优秀主管"。不久，公司破例提拔她为分部的经理。

经得起狂风骤雨的种子，才能最终长成参天大树。那些只想舒舒服服躺在温室里的花朵，就别怪花期太短、留不住芳华。

在这个瞬息万变的时代，我们要想跟得上时代的步伐，就得拥有毛竹一样的精神：

（1）无论顺境逆境，都要像毛竹那样自强不息地成长。不管在什么环境，面对什么人，都不作媚世之态，而是选择独立顽强，强大自己。

（2）当实力不允许时，要像毛竹那样，即使在寒冷的冬季，也要保留一身翠绿，不畏暴雪的席卷，保持挺立的身姿，培养自己百折不挠、顽强不屈的精神品质。

（3）要凭能力立于世。为人处世应拥有谦谦有礼的姿态与清雅淡泊的精神。我们周围那些很厉害的人，他们的成长就像毛竹一样，在最艰难之时默默努力，不求结果。一旦熬过那3厘米的扎根期，就能迅速成长。所以，我们那些在看不见的地方所经受的煎熬，都会成为以后成功路上的助翼。

正如有些人说的：低级的欲望通过放纵就可获得，高级的欲望通过自律方可获得，而顶级的欲望则通过煎熬才可获得。

降低对自己的要求，只能永远将就

几乎每隔一段时间，就有人来问我："小木，如何做公众号啊？"

每次我都会事无巨细地跟他们讲，怎么注册、怎么写稿、怎么排版和发布，包括如何转载以及开场白，每个流程都一股脑儿地详细告知。

刚开始有些人兴致很高，一天恨不得更新两次，在朋友圈抛个二维码求大家关注，还找我帮忙宣传造势。我说，"你先坚持写一段时间，有一定内容基础了我再帮你推广。"可后来我发现，他们写上十来天，最多两个月，就消失得无影无踪了。

"怎么不写了？"我逮住一个人问。

她说："我很忙啊，每天要上班、带孩子、洗衣服做饭，哪有时间啊？再说，折腾了一个月还不到 100 个粉丝，大多还是亲戚朋友，有什么意思？"

"那你不打算继续写了吗？"

"不写了，我哪有你那么有动力，你那么多粉丝，累点也值啊。"

"亲爱的，一定是先努力才有的粉丝，而不是先有粉丝才努力啊。"

在自媒体圈里，我见过太多这样的人。刚开始斗志昂扬，摩拳擦掌，没多久就杳无音讯了。他们习惯向惰性妥协，连坚持的勇气都没有。说什么自己热爱写作，说什么要靠文字结交朋友，但遇上一点点阻力，就轻而易举地放弃了初衷。

我没有天赋，对于文字一直抱着虔诚和敬畏之心。我相信，只有不停地写，不停地练笔和阅读，才有可能厚积薄发，迎来属于自己的机会。因为在第一篇"爆文"出现之前，我一个人默默干了一整年。那一年，我把自己关在房间里，玩命地"死磕"，才终于涨了一批"不认识"的粉丝。这其中的艰辛，只有自己知道。可哪怕再辛苦，我都没有想过向生活妥协。因为文字是我的诗和远方，是让我得以区别于身边人的唯一武器。

我的生活曾经"鸡飞狗跳"，但我知道，这就是生活。

　　我不知道我是谁，可能是芸芸众生里的一粒微尘，不会发光，没有思想，犹如风中的芦苇，应季而生，落季而败。

　　在生命的前三十年里，我从来没有思考过人生的意义。生活不就是日食三餐夜宿三尺吗？别人广厦千间良田万顷，追求的不过是虚妄，我不想被世俗捆绑，我要心甘情愿过淡然清贫的日子。

　　你问我，过得快乐吗？我学会了假笑。直到被现实"打脸"，笑不出来了。

　　那一年，父亲去世，家里断了所有的经济来源。母亲没有工作，身体羸弱。赡养母亲的责任自然而然落在我和哥哥的身上。

　　天塌下来了，没有人替我顶着，我佝偻着身子匍匐前进。可地面上的荆棘仍然不肯放过我，扎得我遍体鳞伤。

　　我每月的工资，除了应付衣食住行人情往来，基本所剩无几。但我必须定期给母亲生活费，虽然母亲手里有几万元的积蓄，但那是她养老应急的钱，平时是舍不得拿出来零花的。

　　孝顺老人这件事，子女不管是穷还是富，都是要做的，这是做人的底线，我当然懂得。

　　日子过得捉襟见肘时，先生却背着我把家里仅有的两万元钱借了出去，我们俩大吵一架。他责备我家里这么穷还每个月给娘家贴钱，我也反击他结婚时同事朋友随份子的钱都被婆家拿走！总之，唇枪舌剑，你来我往，不见高下，吵了又吵。

贫贱夫妻百事哀，可我们单单是因为穷吗？不是，因为迷茫，还有对生活的无奈和恐惧。再加上繁忙的工作，还要时刻照顾年幼的孩子，看着张三李四王五赵六"冒着香气"的朋友圈，我终于崩溃了，在某个深夜里大哭了一场。

到底是哪里出了问题，我一个骄傲清高的文艺女青年，怎么就沦为生活中充满怨怼的泼妇了？

我是祥林嫂吗？不是！

我一辈子都要这样吗？不要！

那我是谁，我要过什么样的生活？

我开始思考，开始探索，我把便笺纸贴在我的电脑上，上面写着：不要妥协，加油！

有了这样一个积极的暗示后，我开始想办法利用自己的优势，这也是发挥自己能力的第一步。

起初，我往各大网站投稿，不停被退稿，心情异常郁闷。偶然中了解到一个叫公众号的东西，上面可以自由地编发原创作品，写得好阅读量就高，比较客观公平。可我毕竟十年没有动笔了，手生得很，刚开始每天一更，快要把自己榨干了，粉丝量才 100 多个。

面对残酷的现实，我灰心过，也气馁过，但我知道我不能放弃，生活时刻在推我向前。于是，我擦干眼泪，又坐在电脑前。天道酬勤，这话一点也不假。一年后我终于迎来人生中第一篇 10 万 + 的文章，在行内属于"爆文"。

第一篇"爆文""涨粉"2000 人，我好像看到了希望，紧接着又出现了第二篇、第三篇、第四篇 10 万 + 的文章，特别是最后一篇文章《亲爱的，对不起，我要去跟别人结婚了》的后台显示，阅读人数飙升到 1000 万 +，"十点读书""视觉志"等近 2000 个平台转载了这篇文章，全网阅读量过亿。

以前遥不可及的业内"大 V"亲自 @ 我，说喜欢看我的文章，我内心激动万分，还夹杂着受宠若惊的兴奋和一些苦尽甘来的心酸。

我终于明白，这世上根本没有怀才不遇。只要你不轻易妥协，不半途而废，就一定能收获属于你自己的那一道风景。

两年后，我开始收到回报，广告推广和编剧邀约都来找我洽谈。

我从整日的迷茫和彷徨到不再自我怀疑，从一点就燃的夫妻关系到"我媳妇儿就是厉害"的和谐状态……我通过自己的努力与坚持，锻造出了一个新的脱胎换骨的自己。

有个当初比我起步还早的朋友，见到我无限感慨地说："如果我那时也坚持写下去，说不定现在也成了"大V"了。现在我只能在家带娃围着锅边灶台了，这不是我想要的生活，也不是真实的我。"

记得上学时，老师说她在文学上很有天赋。可她说自己辜负了手里的一副"好牌"，为了追求安逸安稳，她选择了逃避和妥协。她的懒散、妥协和得过且过，成了如今摧毁她幸福感和满足感的元凶。

生活就是这样，你原以为只是妥协了一步，但其实是改变了你一生。一次妥协，就可能让你一生将就。生存的唯一武器，是在能力范围内坚持到底。

（1）不向生活妥协。保持初心，不轻易向这个世界投降。梦想弥足珍贵，而你从未浪费，那是你更好生活下去的阳光和信仰。

（2）从自己擅长和喜欢的事情上找突破。给自己一个积极的心理暗示，相信自己通过努力可以达到。心理暗示会推动你不知不觉地去行动。

（3）不要停止学习。学习影响你看待世界的方式，你积累得越多，看待世界的角度越广泛，处理问题的能力越强。

不向命运妥协的人，生活不会辜负他。董竹君从卖唱女到督军夫人，再到上海滩的女企业家、锦江饭店的创始人，连上海大佬也要敬她三分。命运曾经给了她一个最悲惨的开始，但是她却凭借自己的坚持和努力，创造了梦想中的生活。

她曾与夏之时约法三章：坚决不做小妾；要送她到日本读书；婚后两人要分工，共同经营家庭。

从一开始，董竹君就不曾有任何妥协，她不向命运妥协，不向身份妥协，也不向爱情妥协。她凭借自己的才华和智慧，得到了夏之时以及婆家的尊重，更在事业上九死一生锻造出一代传奇。

后来，她在《我的一个世纪》里写道："我从不因被曲解而改变初衷，不因冷落而怀疑信念，亦不因年迈而放慢脚步。"

隔着遥远的时空，她人生的动荡和辉煌震撼了我。

蔡康永说过一段很有名的话："十五岁觉得游泳难，放弃游泳，到十八岁遇到一个你喜欢的人约你去游泳，你只好说我不会；十八岁觉得英文难，放弃英文，二十八岁出现一个很棒但要会英文的工作，你只好说我不会。人生前期越嫌麻烦，越懒得学，后来就越可能错过让你动心的人和事，错过新风景。"

是的，如果我们降低了对自己的要求，总是选择习惯性的妥协，选择安于现状，那么，之后所遇到的一切，都可能只是"将就"，并且永远在妥协，永远在将就。

如果你选择了妥协，就意味着把生活的主动权交给了别人。你妥协得越多，离期望中的自己越遥远，直至彻底失去表达自我的机会和能力。

深陷低谷，认真思考再行动

我出生在一个贫瘠的小山沟，十二岁前没有去过县城。第一次看到自动铅笔，是在城里上学的哥哥带回来的。他按着笔头一上一下地给我表演，我的眼神中发出熠熠的光——那是前所未有的羡慕。

哥哥三四岁时，就被重男轻女的母亲送到城里的外婆家享受最好的教育资源。身为女孩的我，反正长大要嫁人，也是别人家的人，自然不值得"投资"。

因此，小时候的我不怎么招人待见。爷爷嫌我性子野，又倔，没少骂我；母亲嫌我不如哥哥争气，每次我犯错误时，就把我拖过来打一顿；唯一看我顺眼的是父亲，他给我塞糖、买衣服，鼓励我："我闺女长大了一定会有出息。"

那个时候我不知道什么是有出息，只觉得做到这三个字可以让父亲高兴。无奈我只是一块朽木，每天不是逃学就是迟到，学习成绩总是倒数第一。母亲担心我会像山沟里其他女娃一样，嫁了人也无法靠婚姻改变命运，就决定把我送到城里的姨妈家，让我在姨妈家附近的学校上学。

母亲不关心我，也从来不给我零花钱。夏天的时候，同学们放学后都去小卖部买雪糕，五毛钱一根的"雪人"雪糕。我眼巴巴地看着他们在我面前炫耀，十分满足地把舌头伸出来舔着吃，我看了就别过头，因为我太想吃了，可我没有钱。

有一回问母亲要，母亲大骂我一通："小孩子绝不能有自己的零花钱，那样会养成大手大脚的毛病，再说姨妈家有吃的有喝的，哪样亏待你了？"她完全不知道，那雪糕折磨了我整个夏天，甚至整个童年。我要努力克制住自己的欲望，且不能流露出一点羡慕的表情。因为那样，同学们会笑话我，我的自尊不允许我被笑话。五毛钱，家里当真穷到那个地步吗？不是的，是那个"物质穷养"的思维，彻彻底底摧毁了一个女孩的骄傲，让她再也无法坦然地抬起头。

升入高中后，我住校了。从一个城市到另一个城市。父母给我换好饭票，一日三餐都在学校里吃，周末才能回家。那个时候我无比羡慕走读的学生，那是一种对家和温暖的渴望。

18个十六岁的小姑娘，挤在20多平方米逼仄的上下通铺上。环境嘈杂不安，同学们各有各的派别，像我这样一无出身，二无背景的人，并不被老师和同学所善待。

当你内心满是自卑的时候，别人的任何行为都会令你敏感而多疑，我曾为了失去一份脆弱的友谊，强忍泪水；也曾因为别人的闲言碎语不敢近于人前、表现自己。因为，无人保护我。但幸好，这也使我的性格更加要强，我暗暗发誓，一定要强大起来，强大起来才不会被欺负。

高二时，我考了全班第一，全校第二。班主任让同学们按照名次选座位。于是，我率先进入教室，拥有了选择的自由。那种自信的感觉，真好啊。可惜好景不长，不久之后，我就患上了神经衰弱，每天夜里都无法正常入睡，随后成绩一落千丈。班主任找我谈了好几次话，问我的梦想是什么。梦想之于我，是一种羞于启齿的东西。我这样的人，怎么配有梦想？就像我初中时穷到不配吃雪糕一样！内心情怀无处安放，幻化为静默哀伤的文字，那是我梦想的萌芽。

有一次，一个嚣张跋扈的女同学，偶然翻到我写的文字，甚是喜欢，便拿去抄，还问我："这是哪本书上的？"

我不言，心中一阵窃喜。

那时，我读路遥的《平凡的世界》，里面有一句话：一个平凡而普通的人，时时都会感到被生活的波涛巨浪所淹没。你会被淹没吗？除非你甘心就此而沉沦！

我不甘心。在知识面前，我们每一个人都是平等的。属于你的才华，别人无法掳了去。我见缝插针地写下一些感受，哪怕"下笔千言，离题万里"。那时，我的心中已经确定了一个方向，我不计因果，不问缘由，不顾一切地朝它奔去。

大学的多元性和包容性，终于让我一直压抑的梦想得到释放。那些怕被别人耻笑的句子，被我冠以陌生的笔名发表在校刊上。当发表的作品足够多时，校刊准备给我一个专访，别人才知道："哦，原来是你啊。"

与此同时，爱情眷顾了我。有人拿着喇叭在宿舍楼下喊我的名字；有人悄悄给我塞匿名的情书；有人公开约我去电影院看《泰坦尼克号》；有人说我的长相可以排系里前三……在他们的眼里，我是清高的，完美的，不容忽视的。

可这些不是真的我，真的我依旧被锁在思想的旧阁楼里，反复对自己说："你不配。"

长久以来的不被珍视，已经形成一层厚厚的保护膜：不抱希望，便不会失望。

我的先生，当时是一个非常阳光开朗的大男孩，他为了让我看到他的心意，锲而不舍地等待，心甘情愿地受"虐"，承诺一定会让我感受到很多很多的爱。我迟迟疑疑地把手伸向他，没想到，这一牵，就走向了婚姻。

他所在的城市，我从未踏足，也未曾想过栖身。我承认自己是贪恋他的宠爱，才受着内心的指引，心甘情愿地走到他身边。

他允许我做自己，允许我读书写文章，允许我不合群，允许我偶尔的小清高和坏脾气……他什么都不要求我，只希望我安然地做自己。

那一年，我二十四岁，确定了人生的一个重大方向，以一个妻子和母亲的身份去谱写一个家庭的兴旺与幸福。

婚后的我，没有停止写作。写作是我生活里风月无边的光亮，它使我变得开始有信仰。因为有了爱，有了爱好，我慢慢变得自信起来，开始想要打造一个属于自己的舞台。

我把自己的所感所想，汇成笔下的文字，发表在自己的微信公众号上，引来第一批有心灵共鸣的读者。我的文字被越来越多的人看见并喜欢，我的天性不再被任何物质所禁锢，我终于可以挺起腰杆替父母分担岁月的苦……我知道，自己要与那些酸痛的旧时光告别了。

不被呵护的童年，就这样被埋藏了；不被善待的青春，就这样远去了；不被赋予的坚强，就是这样一步步铸成了。

"我没怎么管我家闺女，可现在我全靠我闺女养着。"母亲言笑晏晏，对着街坊邻居满意地表达。她享受着别人的羡慕，逢人就夸我孝顺懂事。而我一定要给她充足的底气，让她成为一个"富养的"、有安全感的老太太，过得安逸而幸福。

我非常宠爱我的孩子，他想吃冰激凌，就可以去吃；他想去玩，就可以玩；他有自己的想法和主张，我愿意听，也愿意支持。我只希望我遭受过的那些痛苦和委屈，他不要再经历；他确定好的方向，我就助他一臂之力。

我终于慢慢走出了低谷，承认自己是值得爱的。我不再羡慕别人丰富的物质生活，但我从来不挥霍，我认为这是一种生活方式的选择，这是我的自由，我不需要，而不是"配不上"。遇到不公平的事情，我开始敢于还击和质疑，成了"不好惹"的人。

那些泪水和不甘心，那些冲撞和挣扎，那些矛盾和纠结，现在都消失不见了。

你问我如何走出低谷，我会告诉你：

（1）克服自卑的心理。穷养的思维不可怕，可怕的是永远困在穷养的思维里。贫穷不是错误，别让它扑灭你心中那盏灯。

（2）找到自信的渠道。要善于从自身优势和特长中去寻求获得感和认同感，当你做得了别人无法做到的事时，你就是独一无二的存在。这也是走出低谷的唯一方向。

（3）要勇敢地向上攀爬。人要抓住努力的绳索不断向上，这样每攀登一步，就会离出口更进一步。

　　我不感谢苦难，不怀念那些灰暗的日子，我只信奉在自己的能力范围内行动，这样才能更快地看到希望和出路，这样才能一步步碾过荆棘，走向远方。

　　远方是一个全新的世界，那里有明媚光亮的自己，也有隐秘美好的未来，它等着我们去跨越、去发掘。

披着星光赶路，才有翻身的资本

人生是一场修行，很多时候，我们要一个人翻山越岭，孤独前行，去感受花开花落，悲喜交加，再抖一抖身上的灰尘，整装出发，进入下一段旅程。在遇到暴风骤雨泥泞沼泽，只有挺过去，才能迎来艳阳高照碧海蓝天；挺不过去的，只能倒在黎明到来之前，徒留半生遗憾。

有一位男子，是一所重点大学的化工博士。他从小就是"别人家的孩子"，被视为大家学习的榜样。然而突然有一天，他失联了，家人、老师和同学都联系不上他。五十个小时后，他的尸体在一条江面上被发现。

之后他的遗书曝光："可能我只是不适合这个世界，所以再也不想多做停留了。不想再假装，也不愿再撒谎，只想做我自己而已，是真的难。请不要找我，因为真的找不到了。不想要葬礼，安安静静地就好了，此生缘尽，只愿没有来生……"

所有人都想不明白，他为什么会做出这样的选择。他那么优秀，前程似锦，让多少人望尘莫及啊。他到底经历了什么，这么决然地放弃了自己的生命，连一声招呼都不打？

每一个在这世界中生存的人，都不容易。我们需要背负着光荣与梦想，压力与枷锁，在苦难中磨砺自己，大胆走过充满荆棘与坎坷的人生路。星光不负赶路人，唯其这样，才有翻身的机会，否则自己的一生将永远停留在自认的"失败"里。

2017 年 10 月，还有一位同样优秀的年轻人，在离成功只有一步之遥的时候，选择了结束自己二十九岁的年轻生命。

他叫胡波，有梦想，有才华，曾就读于北京电影学院导演系。毕业后，凭借短片《远隔的父亲》获得第 5 届金考拉电影节最佳导演奖。同年，还创作了长篇小说《牛蛙》。可当他想筹拍自己的电影时，却得不到大家的信任和赏识，没有人敢给他投资。

他擅长写作，出版了两本书，稿费微薄。他的梦想无法实现，生活却日益窘迫。在微博里，他写道："这一年，出了两本书，拍了一部艺术片，新写了一本，总共拿了两万元的版权稿费，电影一分钱没有，女朋友也跑了。今天贷款都还不上，还不上就借不出……"

怀才不遇、经济困窘、爱情受挫……苦难和折磨一桩接着一桩，一件接着一件，把他压得喘不过气来。

他选择了在楼梯间，结束了自己年轻的生命。他永远都不会知道，在他去世四个多月后，他的作品《大象席地而坐》，获得了柏林电影节论坛单元最佳影片奖。

他只要再忍四个多月，就能看到自己的辉煌；只要再坚持四个多月，就能摆脱生活中的困扰与挣扎，摆脱穷困与孤独，摆脱怀才不遇的境地，迎来簇拥而来的光环与荣耀。

只可惜，在光明到来的前一分钟，他投降了。没能熬过黑暗，他死在了天亮之前。

人生不如意者十之八九。这世间，没有谁的生活是容易的。大多数人的一生，都会充斥着这样那样的苦难，苦难磨砺着人的意志，考验着人的决心。

但万物皆有裂痕，那是光照进来的地方。

有时候，苦难会幻化成一把钥匙，帮助人们开启成功之门。

海伦·凯勒在那本耳熟能详的名作《假如给我三天光明》里写道："假如你真的面临那种厄运，你的目光将会尽量投向以前从未曾见过的事物，并将它们储存在记忆中，为今后漫长的黑夜所用；你将比以往更好地利用自己的眼睛，你所看到的每一件东西，对你都是那么珍贵，你的目光将饱览那出现在你视线之内的每一件物品；然后，你将真正看到，一个美丽的世界在你面前展开。"

海伦·凯勒的一生充满了坎坷和磨难，她不能像正常人一样学习、读书、认字，饱受寂寞与孤独……然而，她却凭着自己的努力，达到了很多正常人都无法达到的知识巅峰，取得了令人瞩目的成就。

大苦难成就大智慧。人经历的苦难越多，破茧成蝶的那一刹就愈发璀璨美丽。人若顽强地挺过来，就拥有了翻身的资本。

没有谁的成功是随随便便的，也没有谁的日子是轻松容易的。星光不负赶路人，只要你能明白：

（1）失败只是暂时的。世界上没有永远的失败，只有暂时的不成功。在任何情况下都不要放弃自己的梦想，因为那是"翻身"的唯一资本。

（2）付出超越常人的努力。倘若起点很低，就更应该笨鸟先飞，不向失败投降，不向命运低头，锲而不舍、不屈不挠，保持自己的信念，不给人生留遗憾。

（3）保持对未知的期待。信念，是一个人反败为胜的关

键力量。人生路上，充满了悲欢离合，谁也不知道我们下一
秒将会遇到什么，经历什么。我们不能阻挡明天的到来，所
以，就让我们保持一份对未知的期待，默默赶路，不要掉队，
相信穿越星光后必有曙光出现吧。

你越强大，世界对你就越温柔

一个深夜，我正准备关机睡觉，有个读者给我发微信："小木姐，我刚跟男友分手，被房东赶了出来，现在一个人在寒冷的街头走，感觉生活没意思，真想一死了之。在死之前，可以跟你聊聊吗？"

我心里一激灵，睡意全无："你在哪里？可以跟我说说吗？我在。"

原来这个姑娘大学毕业后，就跟男朋友来到了他的家乡。两人本来是奔着结婚去的，她便在那里找了一份工作，等待双方父母见面，商量婚事。没想到，她被准婆家嫌弃了，男方父母轮流逼她男朋友跟她分手：

"出身农村，她怎么能配得上我们家？"

"你王阿姨家的宝贝女儿是从国外留学回来的，现在外企工作，一个月赚 30000 元，她呢？"

"光有个漂亮脸蛋有什么用，能当饭吃吗？你必须跟她分手，不然就断绝母子关系！"

……

当时，她就站在门外，听到男友爸妈劈头盖脸地教训男友的声音。

男友铁青着脸出来，她刚想送上拥抱，安慰几句，没想到他却说："你也听到了，我没有办法。"

姑娘哭了。她想用泪水挽留他们的感情。可男友说了一句"对不起"后扬长而去。姑娘硬撑着回到出租屋，刚进门，就看到房东坐在沙发上，对她说："这个月的房租已经超了一个礼拜了！如果今天交不上，就收拾东西赶紧走人。"

她是真的走投无路了。原本计划着那天见了男方父母，不出意外的话，第二天他们会一起回她的家，把结婚的事情告知自己父母，然后订婚，两人名正言顺地住在一起。所以，她其实并不打算继续租房子。

深夜十一点，姑娘拉起她的皮箱，独自走在孤独的寒夜里。在那座城市里，她没有亲戚，没有朋友，万念俱灰时想到了我。我不敢想象，如果那天晚上我早一点关机，没有看到她的求助信号，会是怎样的后果。

我告诉她："别怕，谁都有觉得走不下去的时候。等熬过这一关，你就会发现不过如此。那时你会变得更强大。"

为了缓解她的焦虑和恐惧，我跟她讲起好友丽君的故事。

丽君是做广告设计的，刚进公司的时候，几乎没有任何经验。整个广告部的人都看不起她，认为她就是个"打酱油"的。她特别委屈，不止一次地怀疑自己的能力。

我鼓励她忍辱负重，厚积薄发，拿出优秀作品，做不可替代的自己。丽君是个聪明能吃苦的女孩，她开始谦虚地向同事们学习。两年以后，正好有一个广告设计比赛，公司的员工都可以参加。没想到她精心设计的 logo 和文案，一鸣惊人，得到了总经理的赏识，现在的她已成为广告部的总监。

两年时间，谁也不知道是什么支撑丽君走过来的。也许是变得更好的信念，也许是不服输的劲头，也许只是想证明自己没那么差，反正她熬过来了，最后成功地引起大家的重视。以前看不起她的，现在是她的手下，一口一个"老师"，一口一个"总监"，对她非常尊敬。

是他们变温柔了吗？不，是她变得强大了。在强者面前，荆棘也会变得柔顺可爱。

经过一个多小时的开解，那位姑娘似懂非懂地发来一句话："小木姐，我好像知道怎么做了。"

现在三年过去了，你们猜这位姑娘怎么样了？

我们一直通过微信保持着联系。我很欣慰地告诉大家，她逆袭成了一个"女王"。

原来，姑娘当晚乘火车离开了那个地方，回到学校所在的城市。这里有熟悉的老师和同学。

法律专业毕业的她，先去参加了司法考试，顺利通过后，在师姐的介绍下，她进入一家律师事务所实习。

经过一段时间的历练，她能独当一面，可以出庭辩护了。当她运用法律知识，在法庭上唇枪舌剑为当事人辩护时，别人的目光都透着敬佩和信服。

前段时间，他们班组织同学聚会，她的那位前男友也参加了。当他看到昔日被他抛弃的女友，成为年轻的金牌律师，被同学们轮番赞扬和赞赏时，眼睛里有光亮，也有悔恨。散场时，他跑去加她的微信，姑娘坦然一笑："我太忙了，还是不要加微信了吧。"

"你永远是我心里最爱的女人！"前男友还在做最后的坚持。

姑娘说："如果放在以前，我会感激涕零，拿一辈子去珍惜；可如今，对不起，我长大了，不需要爱情也可以好好地活下去。"

　　前男友要求再抱一抱她，算最后的告别。当他把手臂伸过来，轻轻把她揽入怀中，宛如一件爱而不得的珍宝时，姑娘流泪了。前男友以前从来没有这样温柔过，可惜，他成了求复合的前任，而她决定不再回头。

　　本以为这件事告一段落了。没想到过了一周，这个姑娘对我说："前男友重新追求我了，他父母也同意我们交往了。"

　　我问她："你会答应吗？"

　　她哈哈一笑："当然不，现在有更优秀的男人正在楼下等我呢。这个男人是创一代，人还特别帅……"

　　人生就是这样，只要我们都肯对自己"狠一点"，世界就会对我们温柔一点。所以，请记住以下几点：

　　（1）你要靠自己。做自己的英雄，不要企图让别人替你挡风遮雨。只有自己有能力走出困境。出身不好没关系，你仍可以优秀到令人无法忽视。

　　（2）你要变强大。我这里说的强大，包括经济和思想的强大，等你足够强大，你才能体会到世界的温柔和美好；当你不够强大时，你会觉得全世界都与你为敌。

　　（3）不允许自己再三被伤害。不要太懦弱，自己被伤害和被欺骗的时候，一定要记得"讨回来"。你必须找到除了爱情之外，能够使你用双脚坚强站在大地上的东西。

人只有成为更好的自己，才会发现周围充斥着笑脸和温柔。社会的宽容，永远留给足够努力的人。这个世界的美，只有内心强大的人才有机会看到。

Chapter 2

保持自我成长的动力

自律，其实是实现自我成长的能力

通往成功的路，每一条都不平坦。而自律和不自律的人，其人生结果往往天差地别。虽然自律的人不一定都能成功，但自律必定会让一个人走得更加长远。

跟同事聊天，得知小周和小樊都在准备司考。

司考的难度，想必大家都有所耳闻，加上他们俩的专业与法律不沾边，更是难上加难。但是由于单位提拔有硬性要求，考试结果会对自己的职业发展有影响，所以他们不得不突破自己所限。

朋友圈经常会看到小周用功啃书的动态，一大摞五花八门的预测、攻略、指南、笔记、真题等辅导用书，铺满了整张桌子，附文"加油，距考试还剩××天"。那热血沸腾的感觉，好像又回到了决定命运的高考一战。照片底下，是朋友们密集的点赞和鼓励。

小樊却没有动静，既不在群里闲逛，也没有发过朋友圈。

有一天，小樊和我说："老同学，听说你有个朋友是政法大学的高才生，前年司考分数超过分数线70多分！可不可以介绍给我认识一下？我好向他取点经。"

"没问题，我把他的名片推送给你。"我说完这话心想，现在才取经，是不是有点迟了？

一转眼，司考结束了，结果公布，小周名落孙山，小樊超过分数线30分！

我有点好奇，问那个帮助过小樊的朋友是怎么指点的，朋友说："全靠他自己，我已料到小樊肯定会高分通过。"

朋友告诉我，通过交流发现，小樊是个特别自律的人，做事有周密的计划，又懂得合理安排时间。小樊还列了一张清单，平均每天要学十二个小时以上，午睡20分钟，洗澡15分钟，吃饭只用10分钟且不能过饱，怕影响大脑思考……

反之，小周没有考上也是有原因的。他表面看着一副努力的样子，其实晚上熬夜打手游，第二天定了闹钟也起不来；规定的学习时间，被朋友一个电话就能轻易叫走；说好上网查资料，一不留神就点开了球赛和娱乐界面；报了个培训班，结果去了就打瞌睡……

如今，小樊顺利当上法官，而小周黯然神伤，只能做一辈子书记员。有时候，喝多了，小周就开始在朋友圈抱怨。

目标，不是制订一个计划，天天标榜自己多么努力，就能达成的。不愿意花费力气，怎么可能逆流而上，抵达梦想的彼岸？

努力与付出从来都不是口号，而是踏踏实实、默默无闻的去做。先培养你自己的自律能力，这样可踏出迈向成功的第一步。

你身边有没有这种人？

一边说要减肥，一边毫无节制地吃，下班吃个烧烤，周末来杯奶茶。等衣服都穿不下的时候，才后悔生活不自律。

还有人玩手机玩到半夜，甚至通宵追剧、聊天，让身体长期处于透支状态，第二天要么睡一上午时光，要么浑浑噩噩精神恍惚，嘴上仍在不停地抱怨："凭什么我这么穷！"更有一些人见到漂亮的衣服包包，迈不开腿，哪怕借钱也要满足眼下的虚荣；婚姻内遇到所谓"眼前一亮"的人，便放纵自己，背弃道德，突破底线，抛弃责任……

于是，胖子永远在减肥，酒鬼没救了才想起来要戒酒，拜金女遇不到真爱，"手机癌"患者的身体总不太好，出轨男女背负一身骂名，被人看不起……毫无疑问，没有节制的人，管不住自己，人生必然充满各式各样的悲剧。

节制是一种忍耐，一种约束，一种自律，是有所为，有所不为。但凡成功者，一定是一个懂得自我节制的人。

"孔雀仙子"杨丽萍虽然已经年过花甲，但身材依然轻盈如少女。很少有人知道，为了保持身体的纤细婀娜，杨丽萍几十年中只吃粗粮、水果、蔬菜与花瓣。记得有一次看她接受采访，有人问她："你这么瘦，每天吃多少食物？"她打开自己的饭盒，里面是一小片牛肉，两个小苹果。这就是她的午餐了，而且是在高强度的舞蹈训练时所食用的饭量。

日本著名作家村上春树曾是一个作息混乱、浑身赘肉的中年人。当他意识到这样下去会毁掉自己时，下定决心开始跑步。自此以后，他每天凌晨四点起床，坚持跑步一小时，还戒掉了抽烟的坏习惯。如今七十多岁的村上春树仍然身体健硕。在《我的职业是小说家》中，他提到："当自律变成一种本能的习惯后，你就会享受到它的快乐。"

自律的快乐是真正的喜悦，是来自日积月累的坚持，在这个过程中必然要抵抗太多的诱惑。

据说梁实秋老先生一次跟朋友在一起吃饭，因为血糖高需要忌口，便一再拒绝那些带甜味儿的东西。最后，上了一道老先生最爱吃的"八宝饭"，也是甜的，老先生终于动了筷子。有朋友提醒他，他说："我前面不吃，是为了后面吃啊。因为我血糖高，得忌口，所以必须计划着，把那'配额'留给最爱。"

欲望无限，但配额有限，所以要把最喜欢的排在第一位。否则用完了配额，便没有了支撑欲望的资本。自制，便是摒弃过分欲望的过程。当你洞悉了本心后，就会明白什么才是最值得付出的，什么才是应该最适时放弃的。

那么，自律应该如何做起呢？

（1）每天制定一个小目标。目标有长期和短期，请具体到每一天。比如每天读半个小时的书，健身一个小时，晚餐不吃高热量的食物。不要只制定一个宏大的目标，让目标成为遥远的梦。

（2）学会积极的自我暗示。用目标激励自己，暗示自己，相信自己一定可以达到。通过对比目标人物，激励自己朝着目标一步步迈进。

（3）享受自律带来的快乐。自律非常难，但看到效果的那一刻非常享受。如果你的减肥目标是20斤，等减掉5斤的时候，体型就会有一定的变化了，穿衣服可能就小了一个码，那个时候不仅自己"身轻如燕"，来自友人的夸赞也会让你"飘飘欲仙"。

　　生活方式，是自己的选择。但凡一个对生活有要求的人，都会懂得压制住自己的欲望和冲动，活得丰盈有姿态。他们普遍身体更健康，工作更有效率，更受人尊重和信任，更容易获得骄人的成就。

意识到需要努力时，就赶紧努力

有人说，努力，是一个人身上最重要的能力，这种能力决定着一个人的其他能力能否发挥出来或发挥到极致。如果不具备努力这种能力，那么即使你有其他的能力，也不会成功。

（1）努力要有正确的方向。

公司有一项大活动，讲解的任务又落到了李菲身上。

别人在加班加点地整理材料、布置会场、迎接检查，还不一定有露脸的机会。可她呢，只需要几句话，就能给领导留下深刻的印象。

李菲一直是大家眼中的幸运儿，长得好看，多才多艺，唱歌、跳舞、演讲、主持，堪称公司的"形象代言人"。不管公司有什么活动，领导总是第一时间想到她，由她出面策划组织。

其实，最初李菲并不被公司器重，在同事眼中，她只是凭借父亲的关系才得到现在这份工作。李菲像活在自己世界里的人，买买衣服追追剧，到点就下班。碍于她父亲的面子，公司领导不好说什么。

直到有一天，她负责的一项工作出了重大纰漏，差点给公司带来巨大损失。领导气急败坏地把她叫到办公室，指着她的鼻子骂："我看你就是一堆烂泥，要不是凭你爸的关系，哪家公司敢要你。你好好反省一下吧，别给你爸丢脸了！"

李菲回到家，哭得梨花带雨。父亲得知后，并没有安慰她，而是问她："孩子，你有什么特长？能做得了什么？如何依靠自己获得别人的尊重？"

听了父亲的话，李菲开始反思自己，寻找自身优势，发现自己热爱与艺术相关的一切活动，比如唱歌、跳舞、朗诵等。于是，她在朋友的建议下，报了舞蹈班，还加入一个朗诵团体，周末的时间也不再用来逛街刷剧了，而是一门心思地参加活动，上培训班。

慢慢地，李菲感觉自己的生活越来越有意义。在公司里，她也开始琢磨如何展露自己的才华。终于，在公司举办的一场小型活动中，原定的主持人休了产假，她鼓足勇气，毛遂自荐，没想到一鸣惊人！这个平时默不作声，似乎只是个花瓶的女孩，一开口，就惊艳了在场的所有人。

她的主持功力和应变能力，比原来的主持人高出许多。现在的李菲，依旧默不作声，但没有人敢忽视她。那些流过的泪水和汗水，终于成就了她今天的脱胎换骨。

每个人都有自己的优势，想要发挥这些优势，首先就要懂得努力，只有努力才能更好地帮助你将优势无限放大，成为真正有能力的人。

（2）努力就要敢于把不可能变成可能。

爱因斯坦曾说过：人的差异在于如何利用业余时间，业余时间能造就人才，也能"生产"懒汉、酒鬼、牌迷、赌徒，而这不仅使人与人之间工作业绩有别，更区分出高低优劣的人生境界。

时间，对每个人都是公平的，为什么人们拥有同样的时间，却活出了截然不同的人生呢？那是因为，有的人在你浪费时间的时候，一直默默努力。

俄罗斯的芭蕾舞演员波丽娜·赛米诺娃，在世界的芭蕾舞团上，是神一样的存在。她八岁时，考上了著名的莫斯科大剧院芭蕾舞学院；十六岁时，她参加莫斯科国际芭蕾舞大赛并一举夺魁；十八岁成为德国国家芭蕾舞团最年轻的首席女演员。

很多人都觉得她的成功简直就是神话，顺利到不可思议。其实，大家不知道，在她风华绝代的背后，是年复一年日复一日的艰苦训练。而且她在莫斯科芭蕾学校学习时，并不被看好。因为在所有的学员里，她的身体素质不出众，她的身高、腿型不理想，还肩宽胯窄，都成了制约发展的因素。

但是，她没有气馁，面对他人的质疑，选择用实力去还击。她把每天绝大多数的时间，都用来排练，为了练习足尖，她的脚趾被磨烂流着血，她仍然咬着牙在坚持。

如今的她，声名鹊起，获奖无数，却从来不敢有一刻松懈。

没有谁的成功可以不费吹灰之力从天而降，在别人看似幸运的背后，是无数个日夜的艰辛努力。也正是因为这样的努力，才能让人将不可能变成可能，甚至走向成功。

（3）努力就是要持续不断地学习。

从 2019 年开始，高速收费开始全面使用 ETC，准备取代人工窗口。这意味着，随着时代的变迁，许多收费员将要离开岗位。而这样的形势，是人力不可抗的。

如何能够让自己不被时代所淘汰呢？

答案是：永远都不要放弃努力。

有一位收费站大姐常说一句"我除了收费，啥也不会"。但我总是想，她在刚开始参加工作的时候，一定也是意气风发踌躇满志吧。只是参加工作时间久了，状态安逸，旱涝保收，在"温水煮青蛙"的环境中，渐渐失去了斗志，没有了进取心。于是，在本该奋斗的年纪，选择了享受；在本该学习的年纪，选择了安逸。而当三十七岁的外卖小哥雷海为在送餐之余还要苦读诗书背诵诗文，希望通过自己的努力打拼出一片属于自己的天空时，那位三十六岁的收费站大姐，其实已被这个社会远远地落在后面。

我经常告诉自己的孩子，当你沉浸在手机、iPad、Switch、电脑、电视中，认为那些好玩的游戏和节目丰富了自己的业余生活而把眼睛搞坏时，别的孩子正在深夜做练习题、在周末参加兴趣班；当你觉得新球鞋不够酷炫时，别的孩子正穿着最普通的布鞋奔跑在晨光的路上；当你觉得享受快乐才是第一位时，别的孩子正跟一个个难题"死磕"……

人只有奋力奔跑，才能追赶这个时代；只有持续不断地学习，才能与时俱进，不被时代抛弃。

人生对任何人来说，都是一场关于酸甜苦辣的体验。成长必然伴随着疼痛，但每个阶段都不能停止努力。不向上攀登，怎能领略到"会当凌绝顶，一览众山小"的美丽风景？

有人在网上发帖，问：人究竟为什么要努力？

其中的一个回答是这样说的：人这辈子很短，一分一秒我都不想浪费，也舍不得浪费。这是最好的时代，我不想辜负这一切。

一个人唯有掌握了努力的能力，才能够获得成长，才有可能在竞争激烈的时代立足。

　　"少年辛苦终身事，莫向光阴惰寸功。"懂得努力的人，不会虚度时光。"试玉要烧三日满，辨材须待七年期。"懂得努力的人，都是心存远大志向。"没有松柏恒，难得雪中青。"懂得努力的人，都是会全力以赴，自信自强。

即使"能力有限"，也要全力以赴

长大后我们发现，英雄，就是即便能力有限，仍是全力以赴的人。

成长路上，难免会经历各种风风雨雨，但正是这些磨砺和考验，给了人们生活的勇气，让人们拼尽全力与苦难和挫折做斗争。虽然有时人们会感到疲惫，但在其中可以享受到前进的快乐，领略到自己不断增强的力量，变得勇敢而强大。能力有限不可怕，可怕的是拿这个当借口，遇到困难就止步了。

（1）默默努力，不给自己随便找借口。

我的同事小张在朋友圈发了一通感慨，配图是他在某项国家级比赛中获奖的图片。

小张刚参加工作时，无论学历还是资历，或者是形象外表，都不占任何优势。他一开始被分配到公司最没人关注的部门。

和小张一起参加工作的同事，很快就立功、受奖，可他仍然处在角落里不被关注，但小张从来没有抱怨过。后来才得知，他在完成自己的工作之余，还在考心理咨询证书，司法考试也已经顺利通过了。

后来，他的"不务正业"慢慢出了名，不管是业余中遇到的问题，还是单位里的新文件新知识，只要触碰到他的知识"盲区"，他都拿过来琢磨半天，从文件的遣词造句到结构段落，他都要研究一番，把一些认为很重要的段落抄写下来。

有一次，单位组织演讲比赛，他第一个报名参加。其实，他的普通话很不标准，站到台上还因为紧张忘了词，有一大段他都说得结结巴巴，引得台下哄堂大笑。

但从那天开始，他每天的学习又多了一项内容：早上五点半起来，像小学生一样读课文，遇到拿不准的字词读音就查字典，周末还经常参加一些朗诵活动，观摩学习别人在台上的状态。

在又一次的演讲活动中，他脱颖而出，不仅发音标准，而且吐字清晰，感情充沛。这些还不是最主要的，最关键的是，他演讲的内容是自己的原创作品，讲述了自己的亲身感受，经过他一番倾情演绎，彻底感动了全场观众，赢得了经久不息的掌声。

单位的同事这才惊觉，原来小张如此优秀。

小张的才华被发现后，领导调他到了综合部门，负责各类文件的起草拟定。这项工作又苦又累，几乎天天加班到深夜，但他从不抱怨。

他的努力被所有人看在眼里，而他也不放弃任何一次能够展示自己、锻炼自己的机会。终于，他在一次国家级的演讲比赛中，获得了二等奖，让大家连连惊叹。

也许在很多人眼中，这并不算是一次成功，但是对于小张而言，从最初的能力有限、不受关注，到最后的全力以赴、脱颖而出，他的能力有了质的飞跃。与之前那个木讷寡言不善言辞的自己相比，小张获得的，是比成功更重要的蜕变与成长。

（2）屡败屡战，成功就是一次又一次的坚持。

很多人一生，也许都不一定能够获得自己想要的成功。但是，如果不断发现自己、突破自己、拓展自己，实现一个不断发展、提高、升华的过程，那么，这种成长本身就值得赞许。

第四季中国诗词大会的冠军获得者陈更，曾经先后四次参加诗词大会。但是她每一次都与冠军擦肩而过。这位工科博士生，先是输给了学霸武亦姝，后又输给了外卖小哥雷海为。

每次当陈更出现在屏幕上时，就会有观众吐槽：连败三次，她怎么还敢来呀？

可是她始终一往无前，从不言退。当陈更终于夺冠后，她才不好意思地说："我是带着参加吐槽大会的勇气来到诗词大会的。我只是在做我喜欢的事情，不关注输赢，但也不能丢人。诗词大会在进步，我也要进步，和诗词大会一起成长。"

陈更让我们看到了一位屡败屡战、坚毅执着的工科女博士的努力与奋斗，也让我们明白了她要追求的，也许并不是我们以为的"夺冠"的成功。

陈更夺取冠军的那一刻，相信电视机前的观众比她还要激动和喜悦。因为大家见证了她成长过程中由弱到强的升华，看到了生命是如此的坚韧。而且更重要的是：

即使能力有限，也要全力以赴，即使输了，也要做自己的英雄——这大概就是一个人成长中最美丽的样子吧！

（3）潜心钻研，提升自身的业务能力。

我曾在网上看到过日本推销之神原一平的故事。

原一平从小就调皮捣蛋，常常与其他孩子吵架、打斗，老师对他批评教育时，他还竟然拿出小刀刺伤了老师。二十三岁那年，他离开家乡到东京闯荡，由于被骗导致生活潦倒，靠打零工糊口。

二十七岁时，原一平拿着简历到一家保险公司应聘，主考官直接拒绝他："你胜任不了这份工作。"

原一平追问主考官原因。主考官很轻蔑地说："你能力有限，进入我们公司的员工，每人每个月要推销完成 10000 日元的业绩，你完不成。"

原一平赌气说，别人能完成，自己也能。在他的坚持下，他勉强成为公司一名"见习推销员"，没有薪水，甚至没有办公桌。几个月里，他连一分钱的保险业务都没有完成，没有钱租房，就睡在公园的长凳上。

有一次，他在上班的路上，看到一个小女孩拿着画册津津有味地看，深受启发。之后他上下班路上都会抱着厚厚的客户信息，熟悉了解情况，他说他拥有了一间"移动办公室"。

为了增强自己吸引对方的能力，他每隔一段时间就请同事或客户吃饭，只为了让他们指出自己的缺点和不足。每一次批评会之后，他都会针对别人指出的不足，进行深刻的反省、改进和完善。生活那么艰辛，但他没有放弃。

经过不断的自我调整，原一平成为日本保险业连续十五年全国业绩第一的"推销之神"。如果原一平没有全力以赴，也许他早就在主考官嘲讽时乖乖认输了。

所有成功的表面都看似云淡风轻，其实背后都暗藏着疲惫与挣扎。再挣扎一秒，再往前走一步，就会看到不一样的风景。

（4）全力以赴，随时做好起飞的准备。

一个能力有限并停止成长的人，就像活在温水里的青蛙，会慢慢地失去活力和生机。而那些一直在全力以赴的人，也许无法功成名就，但一样可以成就闪闪发光的人生。

电影《我和我的祖国》"护航"篇里，讲述了飞行员吕潇然的故事。她是团队中最优秀的飞行员，却注定要成为"备飞"。

"护航"的故事，取材于导演文牧野到空军基地的实地探访，是真人真事。荧屏上展示的一切，都是女飞行员的真实写照。当飞行员有多么不易？剧中有一个情节让人印象深刻：宋佳饰演的吕潇然在载人离心机里训练，挑战了别人认为不可能的身体极限。吕潇然出了机器，坚持走到休息室，最后趴在水池边呕吐不止，而这只是其训练内容的万分之一。

在通往飞行员的路上，充满着艰辛疲惫，很多项目必须得训练到分毫不差。飞行员们一直都在用强大的意志，挥洒汗水、泪水甚至血水，让自己成为一个可以委以重任的战士。

我们并不知道那些苦练精飞本领，向世界展现中国力量，打造蓝天上闪亮的"国家形象名片"的女飞行员的真实姓名，但是她们无愧于这个时代、无愧于自己。这就是这些女飞行员们随时随地都做好了起飞准备、迎接挑战的自信。

美国成功哲学演说家金·洛恩曾说："成功不是追求得来

的，而是被改变后的自己主动吸引来的。"

这个自我改变的过程，就是成长。全力以赴，也许不一定能够成功，但一定会成为自己命运的主宰者。那些躺在"舒适区"里睡觉的人，只是日复一日地重复前一天的生活，他们活一百年和活一天没有什么区别。而只有那些不断加压、不断努力、不断挑战、不断成长的人，才可以称为生活中的英雄。

也许在充满疲惫的人生道路上，会有各种打击和压力，让我们不得不屈服。可你看那些笑到最后的人，都是曾跨越了"能力有限"沟壑的。

保持一份盎然向上的力量

人生路上，总会有一个阶段，需要一个人度过那些黑暗时光。这时如果有人帮你照亮前方的路，是不是会好走一些？

有这样一则哲理故事：

一个漆黑的夜晚，一个僧人来到一个小村子，看到一盏昏黄的灯正从巷道的深处静静地亮起来。僧人走近才发现是一个盲人在挑灯。他百思不得其解：盲人挑灯，岂不可笑？僧人于是问："既然你什么都看不见，为何挑一盏灯？"

盲人说："黑夜里如果没有灯光，那么满世界的人都如我一样是盲人，所以我就点燃了一盏灯。"

"原来你是为别人啊。"

"不，是为我自己。"

"为自己？"

"你是否因为夜色漆黑而被其他行人碰撞过？但我就没有。虽说我是盲人，但我挑这盏灯不仅给别人照亮了路，也让别人看到我因而不会碰撞到我。"

成全别人就是成全自己。这个闪耀着道德和智慧光辉的小故事，震撼了我的心灵。那位盲人虽看不到，但他有豁达明亮的胸襟和盎然向上的力量，懂得与人方便，与己方便的道理。为人处世，冷酷换不来热情，伪装换不来真心，正所谓"得道多助，失道寡助"，便是这个道理。

有一次，我在下班时经过小季的办公室，发现他还在加班，桌子上摆满了一摞一摞的文件。他需要连续加班两周，才能把这些文件处理完。我很奇怪，办公室里明明有三个人，如果联合起来一起干活，进度明显会快许多。

小季一听我问起这个，立刻火冒三丈："别再提了，都是一个办公室的同事，没想到一个个那么冷漠。以后休想让我帮助他们！"我笑笑，立即明白他一个人加班的原因了。他平时从来不帮助其他同事，总以各种理由推托，这下轮到他需要帮忙时，别人自然就对他敬而远之了。

我很理解小季的心情，但每个人都有自己的事要做。何况，如果你率先关闭了自己的心门，也就别指望大家帮助你了。

人与人之间的情谊都是相互的，你不能要求自己有困难的时候，别人一定来帮你；而别人有困难时，你帮他人时应不要回报。人要永远保持一份同理心。

我想起《芳华》里的刘峰和何小萍，他们也曾遭遇过最冷漠的人情，却依然能够热爱这个世界。

刘峰是木匠的儿子，从小家中贫穷，到了剧团，做了很多助人为乐的好事。看似所有人都需要他，可实际上，所有人都在不动声色地"欺负"他。没人吃的饺子皮，没人干的脏活累活，没人喜欢的搭档，都一股脑儿地推给他。

他们对待刘峰，嘴上喊着"模范标兵"，可在心底，并无半分敬意。

刘峰喜欢林丁丁，为了接近她，做了一切力所能及的事：给她做她喜欢吃的甜饼，学电影里的情节给她煮挂面，蘸上一筷子香油；别的男人送她的手表，没有人愿意修，他便买了修表的书来看，为她修好；抱着她满是水泡的脚，小心翼翼地为她挤出脓水；他甚至放弃去大学进修提干的机会，把名额让给别人，只为了能在文工团里看着她，守着她。

哪怕事隔多年，他看到她发福走样的照片时，还是会温情一笑。

但是林丁丁对他呢？她理所当然地享受着他所给予的一切，却不能容忍他对自己的轻轻一抱。在她心里，那是一种奇耻大辱，是一种"癞蛤蟆想吃天鹅肉"般的厌恶。

刘峰离开连队的时候，没有一个人去送他。那种悲凉，即使隔着荧屏也让人觉得难过。遭受同样冷漠的，还有何小萍。其实她长得很美，无论是舞姿还是样貌，都不输任何人。所以分队长在见到她之后，兴奋地说："我对何小萍印象深刻，去年就想把她带回来，可是名额用完了。今年还是找了首长特批的。"

也许就在那时，为她之后被欺凌埋下了伏笔。只因为她偷偷穿着林丁丁的军装，照了一张照片寄回家，从那一刻，她的厄运便开始了。

所有人嘲笑她、孤立她、冷落她，甚至就连搭档也都找借口不和她一起排练。她的舞蹈基本功很扎实，却从来没有当过主演。但她不怕，因为她心里有刘峰，只要他在，她就有了光明和向往。

当集体抛弃了他们时，他们仍然爱着自己的集体。刘峰即使失去右手，也无悔无怨。而何小萍，在枪林弹雨之间救死扶伤，从不言退。因为他们心中都有一盏灯，让他们牢记初心，无问西东。

多年之后，林丁丁嫁给华侨移居海外，断了一只手的刘峰从前线回来，成了靠从事书籍运输而勉强维持生计的小贩，车子被城管没收，连交罚款的钱也没有。即使这样，刘峰和何小萍却依旧从容自得，还相约一起去看望那些在战争中牺牲的战友。

电影的最后，当了记者的萧穗子说："一代人的芳华已逝，面目全非，虽然他们谈笑如故，但是不难看出岁月对每个人的改变，和难掩的失落。倒是刘峰和小萍，显得更知足，话虽不多，却待人温和。"

心中有明灯的人，又怎么会老去？

无论这世间如何冷漠以对，他们都始终温情地活着。只要能保持盎然向上的力量，就能过好这一生。

这种力量，来自宽恕。

在现实生活中，人与人之间不断相逢与错过，不断地发生着温暖，也发生着冷漠。我们渴望身旁会点亮一束温暖的光，照亮前方的路。然而有时会事与愿违，冷漠如风，如影随形，让我们满目疮痍，心生寒意。

此时，请宽恕那些冷漠，仔细呵护住心底的那盏灯，让勇敢点燃自身的能量，让自己坚定不移地走下去。说不定，就意外照亮了其他人。

人生在世，为人处世，我们要牢记以下几点：

（1）成全别人就是成全自己。人与人之间的感情，就是在相互尊重、相互提携、相互帮助中越来越近。利他是最高形式的利己。

（2）懂得换位思考，将心比心。人生在世，各有各的苦难。立场不同，处境不同，感受也就不同。拥有一颗同理心，尝试理解别人的想法，不要无谓地强求。

（3）做人要有宽容之心。得饶人处且饶人，以平和的心态为人处世，不斤斤计较，让往事"翻篇"。同时，也要宽恕自己，让自己与过去和解。

只要人坚守自己的初心，保持一份盎然向上的力量，那么就会发现，当你走出来后，心中的微光会照亮曾经冷漠的道路。如果我们借着它，再走一程，那就够了。

努力的意义，是为了获得相对公平

这个世界上没有绝对的公平。我们能做的，就是接受所有的幸与不幸，坚强地往前走。

两年前，我的同事小崔给女儿报名参加了一次少儿朗诵比赛。为了能够让喜爱朗诵的女儿在比赛中获得好成绩，她下了很大一番功夫。不仅聘请了专业老师为女儿进行"一对一"的辅导，就连朗诵的内容，也是从几十篇文章里认真甄选出来的。还有上台的礼仪、比赛的服装，她都思考得事无巨细，十分周全，确保万无一失。

她说，女儿第一次参加这样的比赛，想让她在公平的竞争中感受成功的喜悦。

决赛时，女儿不负众望，得了少儿组第二名。她高兴极了，凡是进入前三名的选手，都有机会去北京参加全国性的大赛。她早早准备好了一切，就等着带女儿一展实力。

然而让她失望的是，大赛主办方确定的进京参赛选手名单里，没有她女儿。原来，她女儿入京资格被第四名的选手顶替了。她觉得很不公平，找到了主办方，主办方的答复是：第四名选手之前参加过这样的比赛，并且取得过好的名次。决赛那天失利是因为身体原因影响了发挥，比起她的女儿，那位选手参赛经验更丰富，获胜的概率也更大。

小崔失望而归，可是她什么都没有说，反而鼓励女儿要加倍努力，等自己变得更加优秀时，就没有人可替代了。女儿很懂事，没有抱怨，也没有哭闹，继续加倍努力。以前去训练班上课，她偶尔还会偷懒，或者装病让妈妈请假，但是从那以后，这种事再也没发生过。

因为小崔对她说："你必须用实力打拼，才会让世界对你相对公平。"

在她和女儿的共同努力下，在后来的一次大赛中，她女儿一举夺下了少儿组的冠军，毫无争议地代表全市参加了全国的总决赛，并获得了三等奖的好成绩。

小崔把女儿领奖的照片设置为微信封面，签名是：世界是公平的。

大学时，我们班里有一位男生，家里很穷。每年的学费，都是父母挨家挨户借来的。记得有一年，他到学校报到的前几天，突然下了一场冰雹，让即将收获的庄稼颗粒无收。父亲扼腕长叹，那是一年的口粮啊。为了省钱，大学报到时他买了绿皮火车票，硬是站了七八个小时才到学校。

他虽然是他们学校的第一名，可是上完课下来，我们发现他讲的英语很不标准，发音非常搞笑。他没有运动衣，没有运动鞋，脚上穿的是农村的塑胶布鞋。有一次体育课上他出汗太多脱下了外套，露出一件磨出了破洞的背心，引得旁观的女生一阵哄笑。从那以后，他就再也没有脱过外套。

由于穷，他没有参加过学校的任何社团，也没有谈过恋爱，更没有在周末的时候外出消遣过。他独来独往，似乎被整个学校抛弃了。

那时学校食堂的饭菜很便宜，但不太好吃。馋嘴的同学们总是成群结队地到学校外面的小餐馆吃饭，他一次也没有出去过。可即便这样，每到月底，他的生活费还是早早地就花光了。学校为他申请了特困生，他自己则利用课余时间四处打零工勤工俭学。

他是我们学校最刻苦的学生，早上五点，他就拿着书本到操场上，一边跑步一边背书；晚上自习课，他总是掐着时间，在熄灯前最后一分钟从教室跑回宿舍。

寒暑假时，同学们都迫不及待地回家。他就留在学校里打工，把打工挣来的钱部分寄回家，让父母还债。那时候，上研究生还是一件很难的事，而他竟然一次命中，考上了北京一所大学的公费研究生！

如今的他，已经是广东一家公司的执行总裁。不久前同学聚会，他特意赶过来，给我们每个同学都赠送了很有纪念意义的小礼物。

他说："抱歉啊，我奋斗了十八年，终于能坐下来和你们一起喝咖啡。"

公平是相对的。努力的意义，就是为了获得相对公平。

我一直很喜欢下面这则寓言故事：

在丛林里，一只藏羚羊告诉自己的孩子："孩子啊，你一定要努力练习奔跑，如果你跑得慢一点，就有可能被追上来的狮子吃掉了。"

小藏羚羊点了点头。

在丛林的另一端，一头狮子也在教育自己的孩子："孩子啊，你不要以为自己是狮子就万事无忧了，你如果不跑得快一点，多半会因追不上任何猎物，而被活活饿死。"

无论是在人类社会，还是在动物世界，都不存在绝对的公平。如果小藏羚羊被吃掉，也许有人会觉得命运对它来说不公平；可如果狮子被饿死，难道就公平了吗？

优胜劣汰，是大自然的竞争法则。唯有努力奔跑，让自己不断强大，不被物竞天择的自然法则淘汰掉，才能享受相对的公平。

这就是生存，就像坐跷跷板，不可能永远平衡。所以，站在一端的人，必须使出全力，才能让命运之神向自己的方向倾斜。比尔·盖茨在退休前，留给职场年轻人一句话："社会充满了不公平现象，你先不要想去改造它，先去想适应它。"

当你弱小时，世界便充满不公平；而当你强大时，世界便会笑颜以对。

这个世界从来就没有绝对的公平。也许，人们有时候还应该感谢生命中的不公平，因为唯有这样，才能激发你全力奔跑的动力，让你努力去争取公平。但你一定要明白：

（1）世界上没有绝对的公平，只有相对的公平。理智地面对社会生活中的不公平，善于运用合理合法的方法去维护自己的权益，谋求最大限度的公平。

（2）增强自己的实力，也就增添了公平竞争的砝码。我们崇尚公平，向往公平，要用实力来证明自己，从而赢得属于自己的公平。

（3）调控自己的情绪，保持积极的心态。在现实中，我们难免要遭遇挫折与不公平的待遇。面对此时，要积极寻找解决的思路，而不是一味地抱怨命运的不公平。抱怨的最大受害者是自己，还会使未来的路越走越窄。

身后那排沉默的脚印，能印证走过的一切

我们每个人都在跌跌撞撞中前进，在磕磕碰碰里坚强。人生充满了起起落落，但任何困难都不会掩盖你的光芒。

同学铃铛从小就很胖。大概是体质的原因，她就是那种喝凉水都会长肉的人，尤其到了高中，她白白胖胖的样子，虽然很喜人，却没有哪位男生喜欢接触她。

后来，肉嘟嘟的铃铛成了同学们捉弄的对象。体育课是她最痛苦的课程，跑，跑不快；跳，跳不远。更令她纠结的是，只要她稍微一运动，就引得同学哈哈大笑。

铃铛就这样变得越来越自卑，越来越怯懦。她主动向老师提出把课桌搬到教室后面的角落里，平时更是独来独往，几乎不和任何人说话。没想到高二时，有一天班主任兴冲冲地拿着一本大家爱看的杂志走进教室，对大家说，铃铛写的一篇文章发表了。

当老师让铃铛走上台和大家分享写作心得的时候，她面

露尴尬，不敢上台。老师见状，带头鼓起了掌，同学们也跟着鼓掌。掌声从稀稀拉拉到整齐响亮，铃铛似乎被注入了力量，只见她走到讲台上，慢慢讲了起来。

大家这才发现，一直沉默寡言的铃铛，竟然读过那么多书，拥有那么好的口才。

看着她在讲台上侃侃而谈的样子，大家都着迷了。那一刻，所有人都忘记了她的不美好，都对她投去艳羡钦佩的目光。

铃铛分享结束后，班里又是一阵掌声，班主任鼓励她："铃铛，希望你以后再勇敢一点，再自信一点，教室的讲台只是你人生道路上一个小小的起点，你以后会有更大的舞台。"

毕业的时候，铃铛还是很胖，但那时她已经明显自信多了。即使八百米短跑仍然是倒数，双杠仍然动作笨拙，可她的文章接二连三地发表在杂志上，俨然成为我们班同学崇拜的"明星"。她不再纠结于自己的身材和相貌，而是在自己擅长的领域去努力展示自己，人也越来越开朗活泼。

上大学的时候，铃铛主动参加学生会主席的竞选，她站到台上的第一句话就是："我可能不会成为最优秀的学生会主席，但绝对是肉肉最多的主席，现在不是流行多肉吗？投我就对了。"

　　她敢于自黑自嘲，引得台下笑声不断，很多同学对她产生了好感，最后虽然没有如愿当上学生会主席，却被选为宣传部长。大学四年，她经常参加学校的各种活动，圆滚滚的身材，成了她的标志。她陆续发表了很多文章，临近毕业的时候，已经有一部书要付梓印刷了。

　　毕业后，铃铛找到了一份稳定的工作。公司里的女生大多打扮得精致美丽，且能说会道，相貌普通的铃铛想在这里面胜出，实在很难。

　　但是铃铛并不自卑，也不泄气，她总是第一个来，最后一个走。开会的时候，许多人对于领导的决策都唯唯诺诺，只有她勇于表达自己的见解和想法。有人私下告诉她千万别这么做，很容易被领导"穿小鞋"。她说："我不怕，我也是为了工作，如果领导连这点容人之量都没有，那这公司的前途也不会太好。"

　　很快，领导记住了这个敢于发表不同意见的女孩，试着把她放在不同的平台去磨砺，有些工作连男士都望而止步。铃铛毫无怨言，坦然接受着一项项高难度工作，全力以赴地去完成。三年后，她凭借自己的能力，向公司交上了一份满意的答卷，顺利被提拔成市场主管。

　　如今的她，不仅在工作上游刃有余，还开通了自己的微信公众号，在网上分享一些自己的人生感悟和心得随笔。她毫不避讳自己的相貌和身材，时常发一些自拍。网友们的回复从最初的嘲弄到真诚地喜欢："铃铛姐姐既知性又风趣，是我们的女神。"

铃铛说，是老师的那番话，给了她无穷的鼓励，让她可以走到人前，去勇敢地展示自己的美丽和缺点。越是身处困境，越要清醒达观，站在高处去看问题。

大部分人的人生，都不可能顺风顺水十全十美，那些看起来一飞登天的成功，都是跌跌撞撞一步一个脚印走出来的。

身处困境如何化解？首先要学会"往前看"，拥有一种长线思维，确定自己想要达到的高度，然后分析自己的优势和劣势，确定以哪种方式前行。

在网上曾看到过这样一个问题：不好看的女生是如何变美的？

有一位网友分享了她的真实经历。大学时，她听从父母安排报了自己不喜欢的专业，毕业后长期从事户外工作，一天，看着镜子中的自己，她突然想：这个工作不是我喜欢的。

于是，乖乖女第一次违抗了父母的命令，辞了职开始寻找自己喜欢的工作。

这个姑娘原本性格内向，和陌生人说话都会脸红。为了锻炼自己，她去快餐店应聘。因为在那里，她必须克服自己的内向和恐惧，去和形形色色的顾客打交道，这是她勇敢迈出的第一步。后来，旅游公司招讲解员，她又鼓足勇气报名，逼着自己训练口才，经过三轮考核，她终于被录用了。后来，一个认识的游客介绍她去做时尚杂志的实习助理，由于她勤谨敬业，眼光独具时尚感，编辑把她又推荐给一个高级珠宝品牌去做设计。现在她成了一名珠宝设计师，和很多明星名流都有过合作。因为她想做得更好，了解得更多，又考下了英国珠宝鉴定师，帮助很多人在珠宝收藏方面获得收益。

梦想终于开花结果，但这条路，其实她走得跌跌撞撞并且很久，直到柳暗花明处，生活才"发现"了她。而她身后那排沉默的脚印，似乎在诉说着曾经的艰辛和不易。

让自己勇敢地绽放吧，你在芬芳别人的同时，也会美丽了自己。任何伟大的成功，都不是唾手可得的。

因此，当你在生活中跌跌撞撞前行时，需要做到以下几点：

（1）最好的成长方式，就是自我突破。成年人的世界，荆棘遍布。每个人都不够完美，只要我们踏上一条自我突破的道路，汗水便会浇灌出沿途的花朵。

（2）道阻且长，行则将至。世上从来没有一步登天的成功。不管遇到什么事情，只要方向正确，一路前行，终可到达。前提是不要轻易因路难走而放弃坚持。

（3）不要怕慢，要保持前进的信念。千里之行，始于足下。没有人能一步到达卓越，每天进步一点点，待量变达到质变，成功自然水到渠成。

Chapter 3

在『舒适圈』外拓展自身能力

要有敢于打破壁垒的勇气和能力

面对现实，很多人都会抱怨：我没有钱，没有出路，没有专长，没有背景，没有资源……这些人总是不满意现在的生活，却不肯做出任何改变。当一个人习惯了固有体制后，会不自觉地被同化，如同《肖申克的救赎》里的瑞德一样，始终被框限制着，让自己失去打破壁垒的勇气和能力。

同学李勇出差途经我所在的城市，约我吃饭。闲聊的时候，谈及工作，他轻描淡写地提了一句："我辞职了，现在在一家私企工作。"

我吃了一惊。记得他十年前就挤过千军万马的独木桥，考上了公务员，后来顺利提拔为副局长，前途无量。为什么会突然放弃体制内的一切，到私企打工呢？

原来，他们单位人少事杂，自从他当了副局长，就没怎么休息过。别的人都能公休调休，只有他整天忙得像个陀螺一样。一年前的冬天，他的母亲摔伤了腿，躺在医院里，吃喝拉撒都得在床上解决。他是家中独子，一心想去照顾，可连一天完整的假都请不下来。临近年底，太多事情需要他去协调沟通。

无奈之下，妻子请了假，衣不解带地在医院伺候了他母亲一个月。结果到了年终考核的时候，妻子因为请假累积超过一个月被扣了奖金，连评职称都受到了影响。

妻子回到家委屈地大哭，埋怨他这么辛苦到底图了啥？家里顾不上，父母顾不上，孩子也顾不上。

妻子的埋怨，点醒了他。

出去拼一把，不然一辈子都要被困在这里。听说他要辞职，妻子又犹豫了，人到中年重新开始，外面的世界还能有他的容身之地吗？

李勇辞职后，有很长一段时间找不到工作。那段时间，他什么都做过，用私家车跑过滴滴，到其他厂子里当过会计，帮人策划过创业版块……他也曾迷茫过，深深地焦虑过，后来经朋友介绍，他被一家私企录用，仍然从事综合管理工作，薪水却比之前翻了一番。私企领导赏识他，他未来升职加薪的空间有很大。李勇现在很庆幸逼了自己一把，才有了今天的工作。

我敬了他一杯，祝贺他拥有敢于打破壁垒的勇气和能力。

美国著名节目主持人莎莉·拉斐尔也曾遭遇不幸。在她三十年的职业生涯里，先后被辞退过 18 次。也就是说，每一年半，她就要被辞退一次。

别说是女人，就算对男人而言，这样的打击也是一种难忍的屈辱。那时，美国很多无线电台都认为，女性当主持人不能吸引观众，因此没有一家电台愿意给她机会。

无奈之下，莎莉前往波多黎各寻找机会。可是她不懂西班牙语，为了能融入当地的生活，她花了三年的时间学习语言。这期间，她接到一个重要的采访任务——前往多米尼加采访，但差旅费由自己承担。

由于经常被辞退，她换了一份又一份工作。而每次被辞退后，她都会给自己确立一个更远大的目标，告诫自己不要放弃。

有一次，她失业了一年多，却仍然坚持向电台和广播公司推销她的清谈节目策划。终于，有一家广播公司电台对她的节目策划产生了兴趣，但他们不同意搞清谈，而是让她先主持一个政治节目。

面对这样的要求，莎莉有些犹豫："我对政治所知不多，恐怕难以成功。"但机会来之不易，放弃未免太可惜了。

莎莉决定拼一把。经过精心准备，她的节目顺利开播。她利用自己娴熟的主持风格和平易近人的形象，在节目中进行了全新的尝试和改变，通过听众打进电话讨论国家的政治活动，包括总统大选等重大事件，来增加听众的参与度和活跃度。

这样的创新和改变，在美国电台史无前例。

她终于成功了！她主持的节目一夜之间成为全美最受欢迎的政治类节目。后来，她曾经两度获得全美主持人大奖。在美国、英国和加拿大，每天有 800 多万观众等着收看她的节目。现在的她，可以说是一座行走的"金矿"，无论走到哪里，都会给电台和商家带来巨额的回报。

一个人，不拼一把，你怎么知道自己能如此优秀？

一个著名的主持人说过这样一段话："想要得到你就要学会付出，要付出还要坚持；如果你真的觉得很难，那你就放弃，如果你放弃了就不要抱怨。人生就是这样，每个人都是通过自己的努力，去决定自己生活的样子。"

印度电影《摔跤吧，爸爸》里那位表面严厉，内心充满温情的父亲，自己敢打敢拼，也教会了女儿敢打敢拼，从而改变了她们的命运。

辛格是全国摔跤比赛冠军，他最大的梦想，是成为世界冠军。然而由于生活所迫，他不得不放弃了自己的梦想。一次偶然的机会，他发现了女儿们摔跤的天赋，顿时又燃起了他的冠军之梦。为了把女儿们培养成优秀的摔跤手，不再重蹈其他女性被选择、被结婚的命运，他在女儿们身上倾注了全部的心血，不惜与整个村子甚至与传统观众对抗。

这一条路，注定是孤独艰辛的。就连他的妻子，都责怪他剪短了女儿们的头发，责怪他让女儿们变得不男不女，而村民们也嘲笑他让女儿们像男孩子一起训练，实在是有伤大雅。

没有专业的场地，辛格就自己动手搭建整理场地；没有陪练人员，辛格就说服自己的侄子前去陪练；没有金钱，他就克服种种困难予以解决。

为了让女儿们适应各种对手，增加实战经验，他带着两个女儿到处参加比赛，和男人比摔跤。所有观众都似乎在等着看笑话。

此时，他对女儿们说："人最大的恐惧就是恐惧本身，我女儿已经战胜了。不是吗？"

在他的教育下，女儿们开始不惧怕任何选手，并赢得了一场又一场比赛。同时赢得的还有村民们的尊重和敬佩。最终，在父亲的指导和鼓励下，女儿们终于完成了父亲的梦想，其中一个女儿成为了一名世界冠军。

如果父亲不去拼，女儿们就不敢拼，她们面临的将是一辈子贫困世俗的命运。正是父亲的战略眼光，女儿们努力拼搏的姿态，将印度女人送到世界冠军的舞台上，并且永远刻进了历史。

人生在世，我们都在拼尽全力，奋力成长。

你想过什么样的生活，就去付什么样的努力。你不去拼，不去搏，不去折腾，就不会发现生命的真谛，也体验不到成功的喜悦。

（1）不逼自己一把，永远不知道自己有多优秀。多留意身边的资源，利用有效的资源，摆正心态，全力以赴打败既定的命运格局。有时候一匹"黑马"的诞生，不仅仅是靠运气，更多的是日复一日的努力和不断地积累自己的实力。

（2）若想打破壁垒，至少要付出超越常人的努力。真正的精英，凭借的不是天赋，而是不断的努力。要有勇气突破"舒适圈"，断掉自己的后路，在不同的领域寻找全新的自己。

（3）拥有跨领域的学习能力。为了取得突破性成功，必须跨领域学习，改变固有的思维方式，锻炼自己的逻辑思维和全局思维能力，这样才能实现突围。所以，当你的现状与梦想存在落差时，不妨试着去拼一把。

提升自身价值，什么时候都不晚

每一个人都有自己的社会价值和个人价值。我们暂且不论自己的价值对社会贡献有多少，但是可以通过不断改进来提升自己的个人价值，使生活变得更加精彩有趣，从而让自己的人生变得更加有意义。

（1）要勇于突破环境影响，充分认识自己的能力、素质和心理特点。

2017年1月，江苏徐州的装卸工吴明趴在路边草地上练字的照片在网上广为传播，就连很多官方媒体微博都转发了他的事迹。

三十六岁的吴明是一个装卸工，每个月工资只有3500元，他每天要扛800~1000包的水泥，对于很多人来说，这样的劳动强度实在很大。

但令人敬佩的是，吴明会在休息时随时随地铺开毛毡和宣纸，开始练习他的书法。

装卸工地没有条件摆放书桌，有时连一块平整的地方都找不到。闲暇时吴明就趴在路边的草地里练字。

他经常随身带着一个蛇皮袋，里面除了干活时穿的衣服，就是毛笔、墨汁、麻纸和毡子，外加一本被翻得稀烂的临摹字帖。

成为"网红"后，很多媒体来采访吴明。吴明憨厚一笑："写字让我快乐！每天干完活儿，身体就像散了架，但只要拿起毛笔浑身就有劲儿！每天学习一点，进步一点，自己看着都欢喜。"

吴明那双满是老茧的手，不但托起了生活的重负，也实现了自己的个人价值。生活中，只有那些敢于挖掘自己的潜力并为之努力的人，才能在最平凡最艰难的生活中，散发出属于自己的光芒。

（2）根据自己的目标，有的放矢，将自己的优势提高到别人望尘莫及的程度。

我的朋友小郝获得健美比赛季军的时候，所有朋友都吃了一惊。谁也想不到，当初那个 200 多斤的胖子，竟然可以通过十二年的努力，让自己成为健美先生，与原来的他简直是天差地别的改变。

记得小郝还是一个胖子时，喜欢上了一个女孩，好不容易鼓足勇气去表白，可女孩看了看他，委婉地拒绝："我喜欢跑步，你这样的体形估计没办法陪我。"

有一次小郝到图书馆看书，被人偷拍发到网上并配了文字：胖子即使是在看书，也像是在看菜单。评论里更是各种嘲笑。

小郝喜欢参加各种文娱活动，嗓音一级棒。可公司举办卡拉 OK 比赛时，他毫无悬念地在第一轮就被刷下来。不是唱得不好，而是公司觉得形象不佳，难登大雅之堂。

公司开展联谊活动，单身的他也想报名，但组织者直截了当地拒绝了他，认为他去了也是白去，白白浪费名额。

生活中的一次次碰壁，让小郝越来越郁闷和自卑，甚至变得自暴自弃，结果导致他更胖了，健康也亮了红灯，脂肪肝和"三高症"都找上了他。

直到有一天，一位朋友告诫他："没有人能阻止你变得美好，但只有你能让自己变得更差。"

一语惊醒梦中人！小郝立刻办了一张健身年卡，从此每天坚持锻炼。一年后，他的体重恢复到正常水平。又过了半年，他练出了六块腹肌，身材健硕结实，颜值也发生了翻天覆地的变化。走在路上，经常引来女生的目光。

现在的他，已不仅仅满足于瘦身塑形，还准备在健身领域上下功夫。

有些健身时间比他还长的人，一心想看他的笑话，认为他根本不可能成功，但是小郝却用事实证明了自己努力取得的结果。五年过去，他从一个只想减肥的胖子，成为在国际大赛中获奖的健美先生。他的事业、爱情都迎来了新的转机。

你若盛开，清风自来。能抹灭你光芒的，只有你自己。当你通过努力，展示了自己的优秀时，别人自然会感受到你的光芒。

（3）与时俱进，不断学习和提升能力，保持自己的独特性。

我有一位叫兰兰的读者，大学一毕业就结了婚。婚后她老公要创业，忙得天旋地转。为了照顾老公和家庭，她辞掉工作，甘心做起了家庭主妇。

那些年，她一个人既要照顾孩子，又要照顾老公，人也憔悴了许多。等老公的事业有了起色，当她想要重返职场时，又怀了二胎。

老公在外打拼，而她则日复一日地围着孩子、厨房、餐桌转，她几乎已经与外面的世界绝缘。许多时候，孩子还没睡着，自己已经累得东倒西歪。好不容易熬到孩子上学，她有能力请得起保姆，才发现自己与周遭的一切早已脱节。现在突然闲下来，她竟不知该怎样打发时间，唯有百无聊赖地刷手机、追剧。

翻她的朋友圈，不外乎就是晒娃、晒包、晒"有钱"。以前还有朋友点赞留言：哇，富婆耶。但是时间长了，朋友们连点赞都懒得点了，甚至一位朋友还半开玩笑地说："能不能不要再炫耀了？我都嫉妒得想要屏蔽你。"

有一次，老公带着她去参加一个重要的应酬，她才发现半年前买的裙子已经穿不上，而再多的遮瑕膏也掩不住脸上的黯淡。

宴席上，别人问起她时，老公一脸鄙夷之色，不耐烦地说："我老婆。"而其他男士介绍爱人时会搂着肩膀说："这是我太太。"

聊到热闹处，她看到老公谈得眉飞色舞，也想说几句，谁知话还没说完，老公就粗暴地打断了她："你懂什么呀，别让人家笑话了！"

回到家，她郁闷地表达了自己的不满，本以为老公会像以前一样哄哄她，没想到他先发制人："你一个家庭妇女，除了会逛街花钱，懂什么啊？以后这样的场合，就不要参加了。"

老公的话让她悲愤交加："我当初是为了这个家才告别职场逐渐失去自我的。你不感念我的付出与艰涩，竟然当着众人如此羞辱我？"

她当即决定重返职场。但她已经和社会脱节了，找工作谈何容易？有次她在朋友圈晒早餐时，一位朋友的评论启发了她：我女儿看到你发的朋友圈，羡慕你家孩子有你这样的妈妈。你这样的手艺，可以开班授徒了。

这句评论让她茅塞顿开，多年的家庭主妇生活，让她的厨艺长进了不少，这正是她的优势啊。于是，她试探着建了一个宝妈群，每天在里面免费传授一些很简单的烹饪方法，没想到大受欢迎，很快就满员了。

除了线上教学，她还租了一间房，买了一些烹饪的器具，线下教授烘焙课程，第一期就有十几人报名参加。接着，她在网上注册了视频号，每天直播美食制作，粉丝暴涨二十几万，收入颇为可观。

这份事业让她的潜力得到极大的发挥，她变得积极阳光乐观上进。以前每个月伸手向老公要钱时，她都要解释好久。如今她想买什么就买什么，再也没有丝毫顾虑。自己挣来的钱，每一分都花得心安理得。

她朋友圈发过一张照片，照片上的她正在给学员讲烘焙课，那专注认真的模样，格外美丽动人。

我们存在于这个社会，每个人都有自己的发光点。无论什么时候，我们都不能放弃希望与成长，这样才能闪耀出自己的光芒。

可惜在我们身边，有很多人，哪怕穷困潦倒、生活一地鸡毛、工作无聊乏味，他们也从未想过去改变。

日本的 NHK 电视台曾拍过一部纪录片，在这部纪录片中，有很多年轻的打工者，都喜欢做日结工资的工作。

他们干一天活拿到薪水后，就会停下来休息几天，沉迷于网络的虚拟世界或世俗的物质享乐中，等钱花完了再出去找工作。

二十二岁的东东先后找过很多工作。他住在一个 30 多平方米却放着十几张上下铺床的房间里，一个床位 15 元。房间里蟑螂、臭虫横行，被褥脏乱，卫生条件极差，但他不在乎，因为只要有 Wi-Fi 就行了。有次他上班时间玩手机，老板娘说了他几句，他就辞掉工作，整天泡在网吧里。在纪录片中里，东东就像一只躬身在泥土里永远见不得光的蚯蚓，活在自己制造的黑暗里。用一个网友的话形容就是个不成熟的"巨婴"。

这种人安于现状，追求的是一朝一夕的安稳，迷醉于肤浅低俗的感官享受，是典型的过一天是一天的生活状态。毫不客气地说，这样的人与蝼蚁何异？

生而为人，哪怕你不能发光，也要努力活得有担当，活得有能量，对得起父母，对得起自己！

　　提升自己个人价值的过程是持续不断的，无论过去自己曾经多么辉煌，过去的成绩只是过去，要想让自己跟得上时代的步伐，就得持续不断的努力和精进，坚持提升自我价值，才可以让自己在竞争中立于不败之地。

改变不了命运，就改变自己

我们身边发生过很多温暖的故事，也上演了不少生活的惨剧。每个人都在经历着自己的酸甜苦辣与悲欢离合。

很多时候，我们无法与命运抗衡，也无法改变灾难的结果。但我们可以试着改变自己，换一个思考的维度，让自己从痛苦中抽离出来。

"双十一"的时候，朋友亚丽在朋友圈发了一组照片。照片里，她站在自己十几平万米的小店里，看着纷至沓来的顾客，喜笑颜开。

大家都说，她能坚强地走到今天太不容易了。五年前，她和老公孩子出去自驾游，路上发生严重的车祸，老公和三岁的儿子当场去世，而她经历了两次开颅手术才勉强活了下来。至亲至爱的家人没有了，头上还留下了一道触目惊心的疤痕，她撕心裂肺，号啕大哭，几次寻死都被母亲给救了回来。

"你已经失去自己的孩子了，不能让妈妈也失去孩子啊！"老母亲哭着求她。

她将自己关在房间里，反复回想当天发生的事情，不久就患上了抑郁症，自此无法独立生活。母亲为了治愈她，四处求医问药，最后自己也病倒了。

守在母亲的病床前，她目睹着病房里生离死别和苦痛挣扎的病人，忽然想明白了。其实每个人活着都不易，很多人上一秒还谈笑风生，下一秒就愁云惨雾，出了门，依旧要为生活劳碌奔波。他们勉强挤出笑容，面对生活。

生老病死是自然规律。为了母亲，亚丽决定重新开始，她给母亲洗衣服、做饭、剪指甲，就像小时候母亲对待她一样，直到母亲身体完全康复。后来，她在母亲楼下盘了一家店，加盟了奶茶品牌，一边打理生意，一边照顾母亲，生活慢慢恢复了正常。

我们改变不了命运，也无法挽回已经发生了的事情，悲伤痛苦固然可以有，但不能让命运和过去束缚自己。所以，唯一可以改变的，就是自己。只要开始改变自己，就能拥抱新的生活。

有一个女孩，叫摩根·赫德，一出生就被亲生父母遗弃。

那时正值暑天，她被一张棉被裹着，差点被捂死。棉被里塞了一张小纸条，上面写着她的中文名字：吴颖思。

吴颖思在福利院度过了自己的婴儿时期。两岁时，她幸运地遇到了改写她一生命运的美国妈妈雪莉，并有了新的名字：摩根·赫德。摩根三岁时，妈妈雪莉第一次带她接触体操，摩根表现出了极大的兴趣和天赋。八岁时，她的业余体操就达到四级，被教练惊赞为："体操界的天才。"

在 47 届世界体操锦标赛中，这位身材娇小、华裔面孔的女孩在比赛中大放异彩，以 55.232 的高分，夺得了女子全能冠军。

相信你们跟我有一样的疑问，不知道她的亲生父母看到如此优秀的女儿，会有怎样的感慨？会不会有片刻的后悔和不安？事实是，他们有可能早已不认得她了。

母亲节那天，摩根在社交平台发出一张被抱在母亲怀里的照片，深情地写道："谢谢您当年选择了我，我爱你，妈妈。"在她的世界里，只有一个养她长大爱她一切的"妈妈"。虽然肤色不同、国籍不同，但爱是相通的。

摩根一出生就被抛弃，但人间大爱助她脱离苦海，最后成为全能冠军，她是何等幸运。我们不知道命运在前方安排了什么，所以一定要撑住，等待每一次可能出现的转机。

　　20 世纪 70 年代，在一场拳击竞赛中，三十三岁的拳王阿里和弗雷泽展开了激烈的对决。

　　当比赛进行到第 14 个回合的时候，双方的体力都严重透支。而阿里更是筋疲力尽，濒临崩溃。解说员说："这个时候一片羽毛落在他身上都能让他轰然倒地。"

　　练拳多苦啊，始终伴随着汗水和疼痛，一不小心就会被打得面目全非，十天半个月出不了门。可既然选择了这个职业，就必须用辛苦来交换成长，用汗水赢得荣誉。

　　面对强劲的对手，阿里竭力保持着气势，双目炯炯，气势汹汹。看到他的样子，弗雷泽有些怯懦，在比赛的最后一刻，他认输了，阿里获胜了。当阿里强撑着一口气走到舞台中央，准备受领"拳王"的荣誉时，体力终于耗尽，两眼一黑，重重地跪地倒在地。

　　所有人都站起来为他鼓掌，给他加油。人们惊叹于他的顽强毅力，不战斗到最后一秒绝不放弃。最后，他赢得了荣誉，也赢得了大家的尊重。试想如果他不坚持，那么得冠军的就是对方了。

　　坚持！无论是在赛场上，还是在生活中，唯有坚持，才能走到最后！

　　《银魂》里有一句话："等你们长大成人了就会明白，人生还有眼泪也冲刷不干净的巨大悲伤, 还有难忘的痛苦, 让你们即使想哭也不能流泪。所以真正坚强的人, 都是越想哭反而笑得越大声, 怀揣着痛苦和悲伤, 即使如此也要带上它们笑着前行。"

其实, 每个人都是带着伤口生活的, 脸上挂着笑, 兜里藏着药, 在被世界遗忘的孤独角落里舔舐着不为人知的伤口。这时候, 我们急需一场酣畅淋漓的雨, 将内心的渴望悉数浇灌, 将记忆里的苦痛统统疗愈。

世界上没有人能真正救你, 唯有自己救自己。正是生活中那些喜怒哀乐和悬念迭生的事件, 构成了人的整个人生, 所以要珍惜眼前拥有的一切。对此, 我们改变不了命运, 就改变自己:

(1) 要清楚你的理想生活是什么样的, 通过怎样的努力可以达到。如果通过努力也无法实现的愿望, 就暂且搁置一旁。可在一张纸上罗列下你的一个个小目标, 然后朝着明确的目标前进。

(2) 努力是改变命运的唯一方式。每个人虽无法选择自己的出身, 但可以决定自己的未来。当你为自己的遭遇感到不公时, 请努力吧。

(3) 拥有一颗平常心。人生就是一场修行, 贵在修心。

越到艰难处，越是修行时。享受改变的过程，对结果不要太心急，顺其自然地改变，让每一个当下都过得有意义。

发现"软肋"，找寻自己的优势

你是否曾因无能为力而哭过？

2017 年 8 月，我替别人写了一封信，就是《亲爱的，我要和别人结婚了》一文，发到自己的公众号上，没想到"火遍"大江南北。第二个月，就有影视公司来找我对接，想把这个真实故事改编成电影，这是我做梦也没有想到的事情。更让我惊喜的是，我以文字结识的朋友认识一位知名导演。他帮我牵线，向这个知名导演推荐了我。导演发来语音，说这个故事不错，作者的情感把握得非常细腻，可以尝试合作一下，有时间去他办公室谈谈。

真是喜从天降！朋友帮我热心地张罗，将具体见面时间约到十月底。

然而在我的焦灼等待中，朋友说这个导演接了别的片子，没有档期了，这就意味着合作谈不成了。好在还有另一家影视公司也看上了这个剧本。

一个让作者最引以为豪的事情，不正是自己的作品搬上银幕，被更多的人认可和喜欢吗？

我内心的小火苗再次被点燃，当下决定和这家电影公司一起合作。然而，虽说我对文字比较擅长，但做编剧还是头一回。

那些天我除去工作、写文，一月一飞，只为跟导演探讨一个个小细节。我们几个坐在一起最开心的事，就是幻想着票房大卖，得到大家的认可。

仿佛一切都如意顺遂，成功在向我们招手。

然而令人遗憾的是，由于宣发出现问题，很多影院收到母带却没有排档！加上上映日期的问题，电影还来不及逆袭就失去热度。

当然，影片本身也存在着很多问题。比如，由于是倒推着时间完成拍摄的，过程有些匆忙，期间还遭遇了大暴雪，场景布置有些粗糙，演员之间的默契没有建立起来……总之一句话，我失败了。

粉丝们很失望，跑到我的公众号评论区声讨我：

"拍的这么烂，没脸看！""还不如看文字感人呢！""你还是老老实实码字吧，别去当什么编剧了。"

即便我这么努力，还是被骂惨了。

那一天，我哭了，对自己无比失望。为什么铆足了劲，还是落得个这样的结局？为什么大家都那么努力，最后还是失败了？直到我看到一句话，才释然了。

作家格拉德威尔在《异类》一书中指出："人们眼中的天才之所以卓越非凡，并非天资比别人高，而是付出了持续不断的努力。一万个小时的锤炼是任何人从平凡变成世界级大师的必要条件。"他将此称为"一万个小时定律"。

也就是说，要成为某个领域的专家，需要一万个小时，按比例计算就是：如果每天工作八个小时，一周工作五天，那么成为一个领域的专家至少需要五年。

回头看看我自己，才付出了多少？正经写起文章，也就两年的时间。在这之前，三天打鱼两天晒网，从来没有给过自己任何压力。这样的编剧，怎么会创作出令人惊艳的作品？我是异想天开痴人说梦了。没有积淀的实践经验，是很难成功的。

五年前，我和闺密英子毕业后各奔东西，不在一座城市生活。刚开始时，她因为工作不顺，经常向我倾诉生活的艰难。

后来，英子转行做了销售。我们本是计算机专业毕业的，应该去搞技术、写代码、做软件。可英子却去做销售，不是屈才吗？我对销售行业不了解，后来通过英子，我才知道，销售其实最拼脑子和交际。

本以为她干不长久，没想到她一路坚持了下来，还因为销售业绩好而薪资翻倍。再到后来，另一家大公司看上了她，高薪把她挖走，她顺利成为销售总监。

前几天，她换了一辆豪车，在市中心买了一套 180 平方米的房子，生活过得有滋有味，有钱有闲。她约我喝咖啡，我纳闷："以前是喝酒，怎么现在这么含蓄了？"

她说："我真是喝怕了。做销售这一行，每天都要接触客户。客户让你喝你就得喝，你签单子得喝，要账也得喝，两个完全不认识的陌生人，要靠喝酒维系合作关系。"

我笑着问："所以，你找到成功的真谛了？"

"不，喝酒是没办法的做法。现在我有了一定的阅历和职位，选择的范围就广了。我可以根据客户的兴趣爱好约他们去旅行，去看演唱会等等。这样才能跟客户真正建立起朋友关系，取得客户的信任。"

我看她滔滔不绝神采飞扬的样子，跟那个曾经"借酒浇愁"的女孩判若两人。

五年了，这就是成长。

从无能为力到如鱼得水，从茫然无措到游刃有余，从职场小白到公司的顶梁柱，这一路走来，她太不容易了。如果没有付出相应的努力，是不可能成功的。英子若不是冲在第一线摸爬滚打，她怎么能总结出那么多经验技巧来带好一个团队，实现自己的人生价值呢？

就像我一个非知名编剧，连系统的专业培训班都没有上过，如何写得了一鸣惊人的作品？我真没脸哭。

我悄悄擦干眼泪，向美国作家斯蒂芬的写作方式看齐，每天坚持写5000字练笔，不管心情如何，我都要坚持写下去。

如何把内心的"小宇宙"撬起来？大家可以尝试着从以下几点来做：

（1）确认自己是否付出了百分之百的努力，是否花费了足够的时间去锤炼。

（2）发现自己的"软肋"，要做有针对性的、有意义的改正或提高工作。

（3）运用杠杆思维，调整好人生的方向，用最省时省力的方法达到自己的目的。

如果一个人整个人生方向是明确的，努力便没有错。相反，一个写作者非要努力成为模特儿，那就有点不认识自己了。你要做的，是首先搞清楚：我的潜力是什么？我的"软肋"是什么？我现在拥有哪方面优势？我能不能利

用自己的优势撬动更广阔的"宇宙"？这是"杠杆思维"，
也是实现成功的一条捷径。

当你足够努力时，奋斗就会有希望，人生就会有收获。

真正让你有底气对抗生活打压的，是你赚钱的能力

在我的读者群里，大家经常会自发地讨论一些话题。

有一次，有个人谈及努力赚钱的意义，就是为了"让父母老有所依，孩子少有所养"，这句话一下子戳中了很多人的内心。大家纷纷表示，赚钱不只是为了家人，也是为了自己。

我们都是普通人，换句话说，都是家境普通的凡夫俗子。而能够躺着就能赢得人生的人，是极其少数的。我们身边的大多数人，还是要汲汲于生，为了一日三餐和夜宿七尺去奔波劳碌。

有个自称"佛性"的群友，在生活中完完全全是另一种情形。

他整日不思进取，大骂女友势利，有一次没钱交房租，竟然一键群发找"朋友"帮忙。可能是钱没有筹够，便在朋友圈抱怨："现在的人们怎么了？一点都不善良。"我看到底

下有一个评论说："麻烦你先把上次借我的钱还一下。"

不知从何时起，"佛系"这个词被滥用了。

迟不迟到，没关系啦；涨不涨工资，无所谓啦；父母生病，命中注定啦；恋人分手，随缘啦；别人发财，由他去吧。

有很多明明可以通过努力争取的事情，他们采取听之任之的态度，还一副世人皆醉我独醒的模样。其实，他们不是高人，是以佛性为掩饰的消极和颓废！

他们经常挂在嘴边的一句话是："快乐就好，干吗活得那么累？"我想说的是：对不起，我们奔波劳碌努力赚钱，是为了让自己的亲人生活得更好，是让这短暂的生命焕发光彩，是让人生充满意义。

我有个朋友昵称"拼命三娘"，她每天无时无刻不在提醒自己，存款不多，余额太少，不能偷懒，因为没有退路。她从早上坐公交起就开始计划每日的开支，小到个位数的早餐，大到月底的信用卡还款，每天兴致勃勃地完成一个个小目标。周末吃一顿比萨、攒钱买一辆山地车、闲暇时来一次周边穷游……你会发现她这样的人，永远是生机勃勃、充满希望的。

她对自己极为吝啬，对朋友却热忱大方。还记得几年前，我还是个穷学生，因家中有急事要用钱，一时找不到周转的对象。犹疑之下拨通了"拼命三娘"的电话，她二话不说问我要了卡号。后来还款时，我多还了 2000 元，却被她说"没有人情味儿"，把多余的钱退了回来。

后来，她搬新家时，我包了一个大红包给她。是的，她通过自己的努力，硬是攒够了新房的首付，是我们这群朋友里第一个买房的女孩。那时的她，经常告诫我们要独立，要靠自己赚钱，因为这是对抗生活打压的底气和安全感。

有位作家说过这么一句话：很多时候感情不知该如何表达，钱却是很好的度量衡。我深表赞同。

当你真的很在乎一个人的时候，你想要的我都尽力给——我们希望父母年迈的时候，不必因没钱治病而活活受罪假装坚强，我们可以拍一拍胸脯说："有我在！"

我们要给孩子提供更好的资源平台，上好的学校，吃健康的食品，玩更好的玩具，定期出门增长学识开阔眼界。

我们想让心爱的另一半，无论表达喜悦还是纾解悲情，都能尽力地逛逛逛买买买，不会因物质的匮乏而伤春悲秋，咬着牙装出懂事的样子，说"我不想要"。

我们想在自己遇到不公平待遇的时候，不必委曲求全、克制压抑、低眉顺眼，可以放肆地追求自己内心的所想所求，拥有更大的选择权和人生的主导权……

人要有透过繁华看本质的资格，才能有不患得患失、独立硬气的资本，才能有淡泊名利的说服力。

还记得我当年上大学时，父亲重病住院，跟一个年老的病友分在同一病房。因为家里穷，除去必要的开销，每一分都不能乱花。母亲为了节省一顿饭钱，常常是米饭就咸菜。病友的老伴看到了，不断唏嘘："可别把自己身体熬垮了呀。"

我永远记得母亲眼睛里的窘迫，和那位长者怜悯的目光。住院期间，父亲不敢用太贵的药，总在说"生死有命"，试图开解我们。可我明明看到了，他眼底里求生的欲望。可惜我当时还是个学生，没有赚钱的能力。父亲为了我们，已经榨干了他自己。

那时我暗暗发誓，一定要好好赚钱，为了父母能活得安心，让我有能力尽到为人子女的孝道。后来我工作了，父亲却离开了，于是我把一切都补偿给母亲。母亲在我的精心照料下，成了一个舒心富足的老太太。我带她去吃好吃的、去国外旅游、做定期体检，让她再也不用遭受贫穷带来的苦楚。

我现在三十多岁，仍不配谈"佛系"人生。因为我还有梦想未实现，还有俗欲未圆满，还有真理未参透，还有泥沙俱下的现实要面对。我要好好工作，为家人、为孩子和为自己撑起一片风雨无侵的天空。

我们不追求金钱，但丰富的物质是我们通往自由的筹码。

精神独立和财务自由的生活，是一种自由舒展的逍遥姿态。很多人认为谈钱就伤了感情，努力赚钱就是贪婪，追求利益就是拜金，凡是跟钱挂钩的就是恶俗。可是，生活在俗世中，肩负着上有老下有小的家庭重担，敢问衣食住行、柴米油盐、人情往来，哪一样不需要花钱？

古语有云，君子爱财，取之有道。达则兼济天下，穷则独善其身。所以，无论爱财取财，人都应该做到以下几点：

（1）摆正对待金钱的态度。有没有钱都是人生常态，问题在于你对待金钱的态度。如果你对现在的生活状态非常满意，不急着用钱来解除困境，"佛系"一点并没有什么不好；而如果你目前还挣扎在生存的边缘，陷入被动谋生无法转换的境地，就别拿"佛系"逃避现实了。

（2）对自己负责、对家人负责。我们的人生只能由自己负责。想要赢得更多的尊严和乐趣，过上高质量有品位的生活，就得付出相应的努力，这一点毋庸置疑。没有一份工作不辛苦，如果跌倒了就再爬起来。

（3）提升自己做事的能力。走出自己的"舒适圈"，从自身擅长和感兴趣的事物出发，搞清楚"你想做什么""你能

做什么"，有针对性地提高掌握学习方法，提高生活能力，让
自己创造独一无二的市场价值，得到社会的认可。

认清形势，走适合自己的路

大多数人，都不可能生来就一帆风顺。命运浮浮沉沉，生活充满变数。在有利条件下，我们要抓住时机，迅速行动。但如果身处逆境，就要学会掌握大局，审时度势，趋利避害，利用自身的优势触底反弹。

（1）认清自己的形势，明白自己处在什么阶层，想要走到哪个高度。

我出生在物质相对贫瘠的农村。父母汲汲于生，无暇顾及儿女，便将我散养在田间地头。我撩猫逗狗、迟到早退，甚至逃课，成绩总在班里垫底。直到母亲意识到我这样下去会把自己毁掉，便及时把我送去城里读书。

到了城里我才发现，班里的中等生比村里的第一名成绩还要好，这样下去我升初中都成问题。我心里不服气，开始努力学拼命学，硬是从小学倒数第一的"差等生"，成为初中三年每次都是正数第一的"优等生"。因为从那时起，我才真正认清自己的形势，不学习，根本无路可走。

有了这个小小的信念，又因为有一点写作上的天赋，我开始在书中汲取营养，以补偿先天上的不足。久而久之，这些汹涌在心中的梦想就幻化为成长的能量，一步步地将我从原来的环境中拨离出来。试想我母亲如果不送我去城里读书，那么我就不会有现在的生活。

心理学家阿德勒终其一生都在研究人类潜能，他曾经宣称发现了人类最不可思议的一个特性：人具有反败为胜的能力。

做人学会审时度势，不光是一种智慧，更是一种能力。不管在什么时候，面对什么样的事情，先权衡利弊，再审时度势，最后再付诸行动，才能确保万无一失。

（2）遇到难以转换的处境，要学会"夹起尾巴来做人"。

无论身处何种境遇，你始终要对所处的环境有一个清醒的认知，不要一味地争强好胜，把自己立于危墙之下。要能屈能伸、可进可退，顺势而为，这样你才能赢得更好的人生。

战国时期的军事家孙膑，谋略无双，帮助齐国赢得了两场战役，为齐国称霸奠定了基础。但之前他曾惨遭庞涓所害，被砍去了双脚，成了残废。

庞涓是魏国人，他妒忌孙膑的才能，生怕孙膑得到魏王的重用，便置其于死地。孙膑为保住性命，只好装疯卖傻。

后来庞涓放松了警惕，孙膑终于逃了出来，得到了齐国大将田忌的赏识，屡立奇功。多年之后，孙膑作为齐国的军师，献上围魏救赵的战术，还将庞涓引入圈套，大仇终于得报。

试想，如果孙膑当初不堪受辱一死了之，没有通过计策逃出庞涓的势力，他将会在逆境中一败涂地，甚至死无葬身之地。

孙膑"装疯卖傻"，其实是审时度势、顺势而为的智慧。人只有灵活变通，因天之时，因地之势，依人之利，在逆境中获取成长的能量，才能克服重重阻碍，走向成功。

（3）"人在屋檐下"，一定要低头。

真正的智者，要懂得审时度势。若时机未到，要懂得隐忍蛰伏、休养生息，这样，当时机来临时，才能一举成功。

我的公众号后台有很多读者给我留言，有的是职场"小白"，有的是高管精英，他们各有各的苦恼。我相信你的身边也有类似的人，向你抱怨工作的艰难，同事的无情，甚至埋怨上司是非不分，感觉自己怀才不遇。

面对人生的不如意，我们该如何走出逆境，在职场中快速晋升，成功翻身呢？早在两千多年前，纵横家鬼谷子就总结出了一套行之有效的方法。

鬼谷子说过这么一段话："言往者，先顺辞也；说来者，以变言也。善变者，审知地势，乃通于天，以化四时，使鬼神，合于阴阳，而牧人民。见其谋事，知其志意。事有不合者，有所未知也。合而不结者，阳亲而阴疏。事有不合者，圣人不为谋也。"

　　这段话的意思就是人要审时度势。我们不管是在仕途、职场还是在生活中，都要善于变通，让思维更有弹性，考虑的也要全面稳妥一些，这样才有可能在逆境中涅槃重生。

管好"嘴"，沉默是金

想成为一个智者，首先要懂得沉默是金。很多时候，说得好不如做得好。唯有学会"闭嘴"，才能审视自己复杂的内心。

我刚参加工作时，有一次单位组织竞争上岗，一位比我早两年参加工作的小姐姐报了名。

其中有一个面试环节，是考察一个人的综合素质和应变能力。这位小姐姐每天忙完工作，就会让我们给她出一些模拟面试的题目，来训练自己的口才。

有一天，一位同事问了她这样一个问题："你认为成为一名合格的领导，首先应该做到什么？"她脱口而出六个字："管好自己的嘴。"

我当时并不明白她为什么会说出这样的答案。如今的小姐姐，已经成长为单位的中流砥柱，而我，也在长期的实践生活中，慢慢明白了那个答案的真正内涵。

一个人想要成功，首要的就是管好自己的嘴：不该说的不说，不该问的不问，不该议论的不要议论。

其实就是——学会闭嘴。

（1）学会闭嘴，就是不轻易抱怨。

小武曾经有一段时间，对本职工作产生了深深的愤懑和厌恶。她经常和朋友抱怨单位的某位领导分配任务不公，亲疏有别；也经常埋怨同事自私自利，拈轻怕重，甚至还"控诉"自己的工作量太大，天天加班，难以忍受。

一开始有位朋友还很心疼她，总是安慰她，可是抱怨的次数多了，朋友就忍不住说："天天听你抱怨这个，埋怨那个，所有人都不对，所有事都不好，那你有没有反思一下，到底是哪里出了问题呢？"

接着，朋友又对小武说："暂时停止你的抱怨，沉默应对你面临的问题，看看三个月之后会有什么改变。"

小武忽然意识到了什么，停止了牢骚和不满，开始用一种平静的态度来对待周围的一切。遇到不公平的事，她笑笑，不说什么；遇到同事对自己的攻击，她忍着，不再当面驳斥。奇怪的是，不到三个月，她发现不管是领导还是同事，对自己的态度都有所改变。

同事开始主动帮她处理一些棘手的问题，而领导在分配任务的时候，也不再一股脑地全推给她。一年之后，她被提拔为小组负责人。领导和同事们对她的评价是："大气，沉稳，遇事不慌，沉得住气。"

当你喋喋不休地抱怨时，别人只会看到你的浅薄、焦虑和自卑；而当你闭上嘴巴，在沉默中学习、积累和沉淀时，别人才会看到你的格局、胸襟和气度。

（2）学会闭嘴，就是不夸夸其谈。

小兰和小虹是同时参加工作的，分在同一个部门，但是两个人的性格却截然相反。小兰生性活泼，喜欢说笑，而小虹却是有些内向，见人只是微笑，从不多说一句话。

小兰知道，她和小虹以后会成为竞争对手。所以从入职的那一天起，她就想在工作上处处压小虹一头。

她做了什么事，总是第一时间向领导汇报，并且把一分的成绩渲染成五分甚至十分。

有时她明明没有加班，却还是会有意无意地在领导面前说自己常常加班加点，夸耀自己的工作业绩。小虹却恰恰相反，她从不宣扬自己的业绩。哪怕独立完成了一项难度很高的工作，也很少去领导面前邀功，认为那是分内之事。

终于，两人要在单位的一次主管选拔中竞争上岗。

小兰对此信心满满，她觉得领导对她的工作有目共睹，而她的"宣传"工作也做得很到位，部门主管的位置，一定非自己莫属。可是，测评结果出乎她的意料，一向沉默寡言的小虹竟然获得了大多数人的支持和好评，被顺利提拔。

这让小兰很是愤怒，她冲到领导办公室，哭诉了半天，言辞之中又是抱怨又是质疑。

有句话说：言多必失。朱自清在《沉默》一文中写道："你的话应该像黑夜的星星，不应该像除夕的爆竹——谁稀罕那彻宵的爆竹呢？"

话不多，点到为止即可，言不过，恰到好处就行。

过分夸耀自己、吹嘘自己，有时候比不上一份实实在在的成绩单。而别人却会在你华而不实的夸夸其谈里，看到你的肤浅与功利。

想成功，先学会闭嘴，脚踏实地地凭能力证明自己，远胜过一千一万句："我比别人都优秀。"

能说不如会说，会说不如会做。

（3）学会闭嘴，就是要谨言慎行。

有句话叫作"祸从口出。"北周时期有位将军叫贺若敦，他骁勇善战，曾立下赫赫战功。他看到同级人都被提拔为大将军，唯独自己不受重用，于是心生不满，屡出怨言。

终于，他的怨言传到国君耳中。国君大怒，命他自尽。临死前，他把儿子贺若弼叫到面前，用锥子扎破儿子的嘴，说："吾以舌死，汝不可不思。"告诫儿子一定要谨言慎行。

贺若弼和他父亲一样，胸怀大志，屡战屡胜，并且学识渊博，深得朝廷器重。可惜，后来他被权力冲昏了头脑，忘记了父亲的嘱托，常常口无遮拦，甚至还把同朝为官的同僚讽刺为"酒囊饭袋"。皇帝对他越是器重包容，他越有恃无恐，常常借酒装疯，乱评时政。

后来，新君隋炀帝继位，他仍然自恃有功，说三道四，结果惹怒了隋炀帝。在众人的弹劾下，隋炀帝一声令下，他便丢了脑袋。所以，如果不想惹祸上身，最明智的方法就是闭上嘴巴，谨言慎行。

（4）学会闭嘴，就是要拒绝自傲。

小时候，我们都学过这样一则寓言故事：有一只乌鸦，找到了一块又肥又鲜美的肉。乌鸦把肉叼在嘴里，站在高高的树枝上，准备慢慢享用时，一只狐狸从树下经过，看到乌鸦口中的肥肉，不由垂涎三尺。于是，狡猾的狐狸虚情假意地对乌鸦说："乌鸦先生，你长得这么英俊潇洒，飞得又高又快，并且，您的叫声比夜莺、画眉、黄鹂都更动听。我听说，您的歌喉是森林中最优美的，您能唱一首歌让我欣赏一下吗？"

听到有人夸赞自己的歌声，乌鸦得意极了。它清了清嗓子，准备一展歌喉。没承想，刚一张嘴，那块肉就掉在了地上。狐狸一个箭步窜出去，扭头对乌鸦说："可惜呀，你什么都好，就是不知道学会闭嘴。"

无知的乌鸦面对狐狸别有用心的恭维，沾沾自喜，呱呱乱叫，最后损失惨重。如果它保持清醒的头脑，学会自重，三缄其口，何至于此？

孔子在《论语·宪问》中有一句名言：君子耻其言而过其行。这句话劝诫人们要少说多做，要用行动去多做实事。一味夸夸其谈，这是无知与自傲的表现；而少说多做，则是一种良好的习惯和态度，也是很多成功者共有的特质。

面对他人是非，我们要学会闭嘴。对于人云亦云的事情，不要以讹传讹。心有他人秘密，我们要守口如瓶。如果言辞不当，不如沉默不说。万言万当，不如一默。

Chapter 4

把『舒适区』变成『学习区』

抱怨环境，不如提升自己

2019 年，我办了一场线上读书会，会上决定每周给大家拆解两本精品好书。助手问我，先选哪一本。我说就选毛姆先生的《月亮与六便士》吧。

这本书，影响了我的整个青春时期，直到现在读来，依然有所触动。

书中主人公斯特里克兰德是伦敦一家证券交易所的经纪人，他有一位体贴的妻子和两个活泼可爱的孩子，过着许多人梦寐以求的安稳又幸福的生活。可是他总觉得精神空虚，生活缺少活力，于是有一天他为了心中的"月亮"，抛弃了一切，到巴黎流浪，去追逐一个"不切实际"的梦——当一名画家。

月亮在星空里皎洁明亮，代表着高高在上的理想。而六便士，是当时英国面额最小的钱币，象征枯燥的世俗生活。

　　刘媛媛的故事大家都听说过吧？她演讲的《寒门贵子》戳中了无数人的心房。刘媛媛出生在一个非常贫困的家庭，也就是所谓的"寒门"，父母砸锅卖铁供她和两个哥哥上学，其中艰辛可想而知。高考的时候，她的梦想是考入北大，然而她失败了。三年后，她杀了一记漂亮的回马枪，考上了北大法律系研究生，圆了当初的梦想。当她站在星光灿烂的舞台上演讲时，有谁会知道她苦心煎熬过的每一个日夜？最终她获得了那档节目的冠军，如今开办公司，成为寒门逆袭的代表。

　　即使生活在底层，人也要学会仰望星空。正是星空中那一点光亮，让郁郁寡欢的斯特里克兰德最后成为一名画家，让寒门出身的刘媛媛改变了命运。

　　没错，你改变不了自己的出身，改变不了生存环境，改变不了过去的成长经历，但你一定能改变今后的自己，从而改变生存环境，实现梦想。因此，无论什么时候，我们都不能放弃梦想。

　　在我的电脑里，保存着一部不舍得删除的电影《贫民窟的百万富翁》。

　　如果人间有地狱的话，那一定是在男主角贾马尔生活的地方。贾马尔从小生活在贫民窟，那里到处是堆积如山的垃圾，而人们就在那些污水旁洗衣、洗菜、洗澡，从来不觉得难堪。

贾马尔内心单纯善良，对一切事物都怀揣着美好的向往。他喜欢明星阿米达。有一次，阿米达来到贫民窟演出，贾马尔想去看，可是却被哥哥反锁在厕所里。为了见到心中的偶像，他不顾一切地跑了出来，如愿拿到了偶像的签名照片。

那一刻，他身上的污秽和脸上的笑容，形成了最鲜明的对比。

后来，贾马尔的母亲被杀害，他和哥哥成了无处可去的孤儿。无奈之下，他们扒上了一列火车，逃出贫民窟，靠捡垃圾艰难度日。

哪怕生活给予他年龄难以承受的重压，颠沛流离居无定所，他都始终报之以歌。为了救出不幸身陷魔窟的青梅竹马的女友，贾马尔决定参加电视节目《百万富翁》。节目中，他被质疑、被拘审、被陷害，可他始终都坚持着自己的初心，从不动摇。

后来女友成为他的星空，成为他生命中最美好的期望。他誓要摘星。经过千辛万苦，他最后终于如愿以偿，获得巨额奖金，和自己心爱的女人生活在一起。

不管处境有多么糟糕，多么不堪，多么让人绝望，他都没有忘记属于自己的那片星空。他在绝境中，不顾一切艰难险阻，不断磨炼自己，最后成功逆袭。

世界以痛吻我，我仍报之以歌。这正是我的高贵，也是我的厉害之处。

王尔德说："我们都生活在阴沟里，但仍有人仰望星空"。

我曾经看到过这样一则新闻：新疆伊犁的一位外卖小哥送完餐，看到大厅里有钢琴，征得对方的同意后，竟然随手弹起一段曲子，技惊四座，爆红网络。据了解，这位外卖小哥曾学过两年钢琴，后来又通过自学学钢琴，于是有了如今一鸣惊人的一幕。

在这个世界上，有很多貌不惊人的高手，他们就像金庸武侠小说里的扫地僧一样，看似平凡，却因独特的"功力"而大放异彩。

比如中国美术学院的保洁大叔解中慈，出生于农村，最大的梦想就是考上美院。奈何家里太穷，负担不起，不得不辍学外出打工。但他对艺术的热爱从未减少，听说美术学院招保洁师傅，他赶紧跑去应聘。偶然之下，他用冲地的水管"写"出的毛笔字被人们发现，只见他的字苍遒有劲，堪比大家风范。

"虽然是保洁，但好歹又离梦想近了一点。"解中慈说。

我想，一定是星空在召唤他，才让他的心中有不灭的梦想。

这些人体验了生活的酸楚，却依然对生活充满热爱。虽然为了生计，为了梦想，常常风雨兼程。但只要一抬头，就可以看到那片皎洁的星空。

梦想之于每一个人，都是公平的，它指引着我们，勇敢地大步朝前走，去寻求人生中更美丽的风景。正如绘本画家几米所说："掉落深井，我大声呼喊，等待救援……天黑了，黯然低头，才发现水面满是闪烁的星光。我总是在最深的绝望里，遇见最美丽的惊喜。"

让自己拥有逆袭的资本，需要从以下几点来改变自己：

（1）坚持自己的初心，确立一个美好的理想。彻底摆脱逆境很难，我们能改变的，是当下的每一个小的选择和行为。慢慢地，我们就改变了自己，不经意间完成了逆袭。

（2）拥有一个良好的心态和判断力。永远保持不灭的希

望，不断激励自己朝前走。即使身处逆境，内心的秩序依然
不能紊乱。如果认为自己是对的，那就坚持，不管情况有多差，
身边有多少质疑声，只要认定了就不轻易动摇。

培养自己的学习能力

每逢高考，高三的同学们都很紧张。高考让人们从小培养自己的学习能力，获取人生冲关的晋级卡。

十八岁，最美好的年纪，披着满身的希望与未来。而高考，则是这个年纪面对的最残酷的竞逐，千军万马过独木桥，那是一份夹杂着痛和蜕变的成人礼。

学子们年轻稚嫩的脸上写满了疲惫和焦虑。那些永远做不完的习题、背不完的知识点、越摞越高的课本和资料，还有风风火火前来送饭的父母眼中的期待，以及各科老师在每次考试完课堂上的训话和鞭策，都让人压力倍增，又无处遁形。

读书真的非常苦，苦到头悬梁锥刺股，苦到食不知味夙兴夜寐，苦到万般皆下品唯有读书高……或许在多年以后的某个梦里，你仍在奋笔疾书，交卷的铃声突然响起，有人收走你的答卷。等你醒来，急出了一身冷汗。

这种经历，只有全力以赴参加过高考的人才会懂，那是一场拼命式的博弈。

我们为什么要这么拼？

古往今来，任何有大成就者，无不是努力学习拼命奋战之人。因此，要在学习中积累起属于自己的智慧，让自己变得知识渊博，成为最好的自己。而对于学生来说，高考是改变自己命运的方式之一。

（1）当你别无选择时，只能选择"一条路走到黑"。

给大家讲一个我的故事。

还记得十多年前，我第一次参加高考。刚出考场，就看到母亲从那片挤满人的树荫下冲过来，帮我扇着扇子，关切地问："考得怎么样，题难不难？"

我不说话，只是哭。母亲知道我考砸了，忽然厉声指责我："让你好好学好好学，你不听，现在考不上大学干啥去？"

一路上，母亲恨铁不成钢地数落，到家后见到父亲又第二次爆发不满情绪。

"大不了不考了，出去打工！不上大学又不会死。"我赌气地说。

父亲走过来，把母亲支了出去，平心静气地问："闺女，你高二的时候还是班里的前三名，考重点大学应该没问题，怎么才一年时间，连本科线都达不到了。是不是早恋了？"

"没有。"我抬头看着父亲憔悴而充满疼爱的眼神，把这一年来的委屈统统哭了出来："爸，我神经衰弱了，高三一年几乎每晚都失眠，白天又很瞌睡，才影响了学习。我不敢跟你和妈妈说，因为你也病了，我不想给你们添麻烦，只好自己熬着……"

父亲笑着安慰我，直到湿了眼眶："我不知道我闺女竟然受了这么大的委屈，是爸妈失职了。这次考不好没关系，咱们把身体养好，再复习一年。爸爸相信，你一定能行！"

那一年，父亲被诊断出肝硬化，母亲承担着巨大的精神压力。本就不富裕的家，因为给父亲治病，经济愈发窘迫，而我的高考失利，无疑是雪上加霜。

晚上，我一个人坐在院子里，感觉未来很迷茫。

母亲不知道什么时候走了过来："明天我就带你去看中医，好好调理一下。争取明年考个好大学，将来找个好工作。咱们这样的家庭，没什么根基，也给不了你什么，一切都要靠你自己去奋斗。你别怪妈说话难听，除了上学，你什么都干不了。"

伸开手，月光下我的这双手那么纤细柔嫩，它握惯了笔，还能抓得动锄头吗？难道我真的要出去打工吗？

不！我要再来一次！

　　身体调整好以后，我把所有的精力全部投入复习班的学习中。因为神经衰弱怕被打扰，母亲专门在校门口为我租了一间房，这样一来没人打扰，二来学习时间可以自由掌控。

　　为了弥补这一年的差距，我加倍努力，每天做题做到晚上十二点，第二天早上六点又起床背诵英语单词。有一次捧着作文书，看着看着就睡着了，醒来后发现在上数学课，而数学老师并没有叫醒我。半年，我瘦了 15 斤。

　　我的学习成绩很快就赶了上来，三次模拟考试都在年级前列。

　　第二次高考，我顺利达到了重点线，上了一所 211 工程大学。

　　拿到通知书的那一刻，我庆幸自己坚持了下来，没有放弃高考，也没有放弃自己。在大学里，我加入社团，开始频繁地给报社投稿，才发现身体里流淌着踊跃的文学梦。那些年读过的书、记录下的美好句子、父亲要求我每天必须背的成语在笔下随意翻腾，有序搭建，变成一篇篇有温度的文字。

　　我开始感激那个时候的自己，以及父母的正确引导。谢谢他们没有贪图眼前的利益，没有纵容我一时的放松，将我护送上了现在这条顺遂平坦的大路。

如今，我出书、当编剧、有那么多人的支持和喜欢，凭借知识得到周围人的尊重，有不一样的眼界和视角，这都是读书带给我的。

（2）读书不是唯一的出路，但总会多一条出路。

我有一个朋友，他当初觉得高考太苦，看到发小没上学照样混得不错，便毅然决然选择退学，去社会上闯荡。一年后，钱没赚到，还被骗到传销组织，回来后再也不敢出去，便留在家里务农。

他明白了父母为什么热得快要中暑了还在地里割麦子；他明白了自己饿着肚子出摊只为卖掉总价 50 块钱的茄子……没有穷过就不会懂，残酷的生活，你要有反击的武器。

麦子不割就会被鸟儿祸害、你不干完活就回不了家、茄子卖不掉就会烂到地里，你的选择就是别无选择。

他回忆起这些的时候，眼里充满无奈。

后来，他告诉父母，想重新上学，于是父母想办法让他又回学校读书，他跟随比自己小三岁的同学在一个班级上课。因为懂得了生活的苦，他愈加珍惜这来之不易的机会，最后以体育特长生进入一所不错的大学。

现在，他留校任职并成家立业，过上了自己想要的生活。

有时候我们坐在一起，会感慨：如果当初没有参加高考，没有获得那张大学文凭，我们会变成什么样子？

也许我年纪轻轻就嫁人，拉扯孩子从天亮盼到天黑；也许我会中途辍学，早早沦为一名庄稼汉，面朝黄土背朝天，手上长满老茧，为了生计疲惫不堪……

每个人都不易，要"突围"十分困难。知识改变命运。读书虽然不是唯一出路，但是一条出路。

（3）吃不了读书的苦，就要吃现在和未来的苦。

这个世界五彩缤纷，包罗万象，有花有海，有诗有远方，有高层次的人和思想，但这些美好，唯有努力之人方可遇见。因为它在山顶，在远处，没有跋山涉水的本领，就看不到前方的美景。

高考只是个"敲门砖"。只有门敲开了，你才有机会体验里面的精彩。

若你想将来寻得一份安稳体面的工作，在窗明几净的办公室优雅自信地展示自己，就得在这之前付出相应的努力；若你只想贪图眼前的安逸，那么等那些偷过的懒变成打脸的巴掌，也别哭着喊疼。

生活是公平的。

好工作都有学历要求，即使打工也要学习，否则会被时代落在后面。所以如果年轻时吃不了读书的苦，就会吃现在和未来的苦；如果年轻时熬过了读书的苦，那么现在和未来都会渗着甜。

　　请足够相信，你在读书时流过的汗水和泪水，都将浇灌出娇艳的花朵，让你的整个人生迷漫芳香。

持续学习，并保持独立思考的能力

一个人要想成功，必须具备两种能力，即持续学习和独立思考。这两种能力会帮你建立深度思维模式，让你用一种成熟的、理性的、洞察的视角去发现问题和找到答案。

每到周末，都是我固定写作的日子。泡一壶茶，听一曲音乐，把脑海中浮动的思绪通过指尖固化下来，真是一种享受。为此，我几乎拒绝了所有的饭局和约会。

许久未见的英子打来电话，要来我的城市出差，问我有没有时间。我痛快地答应了。英子是我的高中同学，人美心善。想当初在高三最紧张的阶段，我整夜整夜失眠，导致上课效率不高，是英子不惜耽误自己的宝贵时间，帮我补课。

到了见面的地方，我远远地看到她袅袅婷婷地走来，裙摆摇曳生风，一如十年前的模样。这些年，我们各自拥有了自己的生活，听说她跟老公去杭州发展，我们便断了联系。

　　她老公是个帅气多金的富二代，对英子极尽宠爱。婚礼那天，他拥着英子向岳父岳母发誓，一定好好照顾英子一生一世。闺密团的姑娘们纷纷感叹："英子的命真好，自己家境优渥不说，还找了个如此贴心痴情的富二代，太幸运了。"

　　当时我在台下鼓掌，泪湿了眼眶：希望这个丫头一辈子都幸福下去。

　　"想什么呢？"英子用手肘碰了碰我，我才发现自己把她原本可以推的箱子拎起来了，正笨拙地往前挪呢。

　　"没事，想起以前，你还是这么漂亮，一点都没变！"我感慨道。

　　英子笑了笑："我七年前就离婚了，爸妈五年前出车祸也双双离世。现在的我，带着女儿独自生活，怎么可能没有变呢？"

　　我惊讶地望着她，在她的脸上，看不出一点沧桑的痕迹，这怎么可能呢？生活遭遇那么大的变故，而她依然恬淡优雅。

　　把行李安顿好，我们去了一家咖啡厅。英子开始给我讲述这十年的风风雨雨，往事裹挟着疼痛扑面而来，而我听完故事又是哭又是笑，不由地为她竖起了大拇指。

　　英子跟老公去了杭州之后，很快生下女儿。不知是婆家重男轻女，还是老公耐不住寂寞，在英子哺乳期间，她老公出轨了。曾经的海誓山盟如打脸的巴掌，让英子遍体鳞伤。

"你看你，胖得像一头猪，还有当初的清纯模样吗？"老公奚落着，全然不顾英子生养孩子的艰辛。

当美貌成了爱情的基石时，你会发现婚姻的围城总会伺机塌陷。离婚？她在杭州举目无亲，没有背景没有收入，也不愿再劳烦爸妈。哭也哭了，闹也闹了，他答应回归家庭。没想到，一年后，他又故技重演，另一个女人找上门来。

无奈之下，英子告诉了爸妈。爸妈当时就从太原飞到杭州，把内心早已千疮百孔的女儿接了回来："我家女儿，我们自己来养活！"

英子平静地签下离婚协议，她不要任何补偿，诉求只有一个，带走孩子。那时父母是她最大的靠山，即便离了婚带着孩子，她依旧可以过上丰衣足食的生活。一直到孩子四岁，她什么都不用做，全部的生活开支都由父母供给。

天有不测风云。在一次出国旅游中，她的爸妈出了车祸，当场离世。英子感觉天都塌了！处理完父母的后事，她才意识到一个非常现实和严重的问题：对于爸妈所从事的建材生意，她一无所知。

她望着玲珑可爱的女儿，收回快要坠楼的双脚，决定好好思考自己的人生。

父母投资出去的钱收不回来，家里仅剩的现金差不多一百来万。这些钱对于寻常人来讲，是一笔巨款，可对英子一贯的生活水准而言，逛不了几次商场，也买不了多少包包。

英子试着出去找工作，发现自己什么都不会，似乎与社会完全脱节。这时，心底有一个声音开始在说："你就是个寄生虫！""没有丈夫和父母，你就不活了吗？"

经过一次次的打击与磨砺，她试着用手中的钱创业。她凭借敏锐的时尚感知力和对产品特有的见识，从最熟悉的奢侈品导购做起，努力学习专业知识，经过五年的奋斗，成为区域主管，如今已年薪百万。此时她才明白，靠自己最踏实。

靠山山会倒，靠水水会流，只有自己最可靠。不要把自己的幸福寄托在别人身上。这个世界上没有人真正值得你依靠，凡事只能靠自己。永远保持独立思考的能力，才能自己主宰自己的命运。

英国女演员艾玛·沃特森说过一句话："要成为公主，但不一定嫁给王子。"

如果一个人把自己当"公主"的命运寄托在王子身上，即使可以集万千宠爱于一身，也是随时被取代的。因为你不知道什么时候，王子就会收回宠爱，把你从公主变成凡人。

艾玛九岁的时候，出演了《哈利·波特》中赫敏的角色，随着影片大红，她成为一颗冉冉升起的巨星。

当时，同剧组的许多年轻演员，都放弃了学业，把主要心思放在拍戏上。但艾玛却做出一个令人匪夷所思的决定：她对外宣称不会接拍任何电影，要把心思全部放在学习上。

她说到做到，直到每门功课都拿到A，获得常青藤等3所名校的录取通知书。因为有才华，有想法，有能力，每次她一出现，都能让人惊艳。经过岁月的荡涤，她的气质更加沉稳端庄，举手投足间散发着女王的气场。一颦一笑，皆自带光芒。

2015年，有媒体爆出哈里王子正在追求艾玛，而英国民众对此呼声很高。他们都希望这位美丽聪慧有才华的女孩成为举世瞩目的英国王妃。

但艾玛拒绝了。她拒绝的，是几乎全世界女性都梦寐以求的东西，财富、地位、名望、尊重——可她完全不放在眼里。因为她拥有足够的自信，永远是高高在上的公主，而不是随时可以替代的某王妃。

一个人最怕产生依赖心理，总想依仗他人而活。只有自强自立，活出自己的价值和风采，才能实现真正的人生自由，书写自己的命运。

我从大学毕业之日起，就一无所靠。贫穷的原生家庭、毫无背景的人脉资源，唯一可以对抗命运的，只有手中的笔。我不停地写啊写啊，在夹缝中寻找通往外界的光亮，疲惫而辛酸。如今，我是全家的主心骨、顶梁柱。我很骄傲，能在三十五岁实现自己的人生价值，成为父母和孩子的依靠。

别人都说我命好运气好，那么多写作的人，凭什么就你能出书，凭什么就你的作品能改编成电影？我承认自己命好，就像承认自己在努力。

电影《幻之光》里，有一句台词：一只站在树上的鸟，从来不会害怕树枝断裂，因为它相信的不是树枝，而是自己的翅膀。

持续学习，就是壮大自己的翅膀；保持独立思考的能力，就是有一天，你可以想往哪儿飞就往哪儿飞，没有树枝可以困得住你。到那时，你就拥有了整片天空。

培养自己独立思考的能力，可以从以下几点去做：

（1）不断地从书本和实践中总结经验。当你需要独立面对这个世界的时候，会发现书本中提供的思路远远不够，现实远远比书本更复杂。遇到问题多一些思考，通过有理有据的质疑，会形成自己的见解。

（2）养成开放的思维习惯。不一味地盲从，也不一味地

否定，勇于接受新鲜的事物，站在高处看问题，随着时代而
变化，将命运寄托在自己身上，不要依靠任何人。

（3）保持主见，不被所谓的"成功"乱了阵脚。建立起
自己的思维逻辑，不轻易改变自己的见解。坚持自己的看法，
同时注意吸纳正确的观点和看法，不断丰富和完善自己的知
识体系，保持对事物的正确认识。

学习掌控情绪，提高抗压能力

当今社会发展太快，高强度的工作节奏常常使人们疲惫不堪、紧张崩溃。面对这样的生活环境和工作压力，如何掌控情绪、缓解心情，提高自己抗压能力，是一种重要的能力。所以，我们在平时要做到：

（1）客观地评价自己，有没有实力完成一项具有挑战性的工作。

2020年冬天，我应一个导演的邀请，写一部关于武汉疫情的电影剧本。他说时间紧、任务重，让我做好心理准备。周末的时候，我飞到武汉，见到了投资人和制片人，他们把思路大概给我讲了一下，要求两个月之内就把剧本拿出来。两个月的时间，别说我还有固定的工作，就算全职写作者都未必可以完成。但这是我突破自我的唯一出口，我不能拒绝。

签完了合同，我就回家了，一路上压力剧增。因为大家天南海北聚在一起不容易，我们需要常常召开视频会议来研究和确定每一个阶段的成果。对此，我们专门制订了工作计划，哪天出"人设"、哪天出大纲、哪天在线围读、哪天开始分场，时间具体到某一天的某一时刻，如果一个人掉了"链子"，全部工作都得往后推，而一后推，就会影响整体拍摄计划。

我并非全职写作，每天需要工作八个小时，工作内容并不轻松。有时候下班回来，我的身体特别疲惫，心理极度排斥再工作。但一想到自己签下的"军令状"，只能硬着头皮坐在电脑前。刚开始我的压力特别大，因为本就有失眠的毛病，常常辗转反侧夜不能寐，还病了一场。这样下去非但无法完成既定任务，身体也会承受不住。这可不是我想要的结果。

"你有没有能力完成这项工作？"我问自己。

如果让我客观地评价自己，答案是肯定的。我对剧本创作已轻车熟路，基本构思已经得到了甲方的肯定答复，这是我的实力。接下来，无非就是按部就班，将大纲进行再丰富、再创作，然后拉结构、拉分场，只要在规定的时间内完成既定的任务，后续就没有问题。所以，不能急于求成，要努力去完成一个个小目标。如果今天工作太忙太累，精力损耗严重，那么第二天状态好的时候把前一天的任务目标补回来，就不会影响整体进度了。

我相信我可以做到。这不仅仅是自信的问题，也是导演和投资方对我高度的信任。他们看过我写的东西，喜欢我表达情感的方式。在这个时候，我存在的价值就是独一无二的。有了这个想法以后，我的压力就减轻了一半。虽然后来在讨论剧本的过程中，我们也常常为了一个细节争得面红耳赤，但大家的初衷和目的都是一致的。

（2）保持乐观和努力的态度，用平常心来看待成败得失。

影视行业变化非常快，百分之八十的电影还没等拍出来可能就"流产"了。这个项目并不能保证可以成功落地，但作为一个编剧，拿到了酬劳，就应该抱着破釜沉舟的勇气去做事情。

我四年前创立了一个微信公众号，经过运营，现在已经拥有了几十万读者。我天天写、日日更，有时候累得腰都直不起来，导致一身病痛。但今年以来阅读量却呈不稳定状态，接到的广告也越来越少。别人都说公众号的红利期已过，流量已被头条账号垄断，我心中不免茫然。后来我想开了，不管留下多少读者，还能坚持多久，我的目的都达到了——我至少用文字疗愈了自己。

用一颗平常心来看待成败得失，因为有些事，即使努力也无法实现。如果一心想着"万一拍不出怎么办""万一没人看怎么办",是创作不出好内容的。我只能用最大的努力,书写最大的诚意。在写作过程中,我也有过才思枯竭的时候,常常陷入自责和焦虑。这个时候,必须尽快排解所有的负面情绪。比如转换一下思维或者去看一本书、一部电影,从其他渠道启发自己的灵感;积极乐观地看待自己的不完美,不在情绪低落时跟自己较劲。

（3）拥有健康的身体。

健康的身体是做一切事情的基础,这是非常重要的一点。所以,我们平时要勤于锻炼,保持健康。锻炼身体可以减压,提高人的生理机能,增强人的免疫力,让人有资本去对抗外界的压力。身体的抗压能力增强了,心灵的抗压能力就会跟着增强。

我的体质不太好,一有流感往往先倒下。那时正好是冬天,南北方的气温差异有些大,我飞了一次就出现了严重的感冒症状。身体不舒服直接影响了思维活动,一副病恹恹的姿态。我去看医生,医生说我的身体抗压能力较弱,导致心理承受能力下降。若想干好自己的事业,首先应该锻炼出健康的身体。

运动也是一种抗压的方式。后来我开始晨跑、练习瑜伽,将自己的身体调整到最佳状态。

两个月后,我如期递交了我的剧本,得到了投资方的好评。我用实力证明了自己可以胜任这份工作，也更有信心迎接未来的挑战。

我们每个人的内心都蕴藏着不可估量的能力，不断地迎接挑战，将压力转变为潜在的动力，就可以创造出一个又一个奇迹。

活成自己喜欢的样子

你有没有因为一段感情而卑微过？在那个你认为重要的人面前，百般讨好，凡事朝着他希望的方向去努力。他喜欢的，哪怕你不喜欢，也要改变自己的习惯去迎合他；他不喜欢的，哪怕你再舍不得，也不得不放弃？

慢慢地，你就在这段卑微的感情里，失去了自我。

不久前，同事雅兰和谈了三年的男友分手了。分手的第二天，她剪了长发，脱下淑女裙，穿着破洞牛仔裤上班了。朋友们以为她受了刺激，可她笑了笑说："其实，我原本就是这个样子啊。只不过，我在这段感情里，改变得太多。"

雅兰从小到大就像个"假小子"，头发剪得很短，穿着宽松的休闲服，没心没肺的样子。和男友恋爱以后，就朝着男友要求的方向不断改变自己。

男友喜欢长发，于是她再也没有剪过头发；男友喜欢她穿裙子，于是她把衣柜里的裤子全都换成了长裙；男友不喜欢她和朋友交往过密，于是她慢慢疏远了很多朋友。就连体重，她也按照男友的喜好，减到了 90 斤。以至于有一次她和妈妈视频，妈妈吓了一跳，连连问她是不是出了什么事。

直到有一次，一位多年未见的朋友说："你还是雅兰吗？怎么像变了一个人？感觉好陌生，还是喜欢你活泼开朗的样子。"

雅兰这才惊觉，自己在这段情感里，失去的太多了。

反观男友，她不喜欢他抽烟，他照抽不误；她不喜欢他喝酒，他每次都喝得酩酊大醉；她不喜欢他和不务正业的朋友交往，他却嗤之以鼻。雅兰这才发现，自己以为的心甘情愿，是别人眼中的"百般讨好"。

我对你的顺从，其实是对我自己的否定。否定我的审美，否定我的友情，否定我的习惯和爱好，让我变成了你所期望的样子，却慢慢丢了原本的自己。我不能因为你的喜好，而否定自己的感受，那样太辛苦了。

我爱你，更爱与你在一起时我的样子。

这世间所有的关系，都应该是平等的。如果为了维持一段关系，而选择讨好对方，那么这段关系最终一定会失衡。

失衡的结果就是让讨好对方的那个人，变得越来越"畸形"。

不可否认，这世间有很多人，希望自己做的每一件事，都可以让所有人满意。于是，他们不得不收起自己的脾气，压抑自己的个性，掩饰自己的好恶，小心翼翼地活成别人喜欢的样子。他们不敢正确表达自己的想法，害怕给别人带去麻烦，永远把别人的需求放在最前面，一味地卑微示好。当自己受到伤害时，他们第一反应不是保护自己回击对方，而是习惯性地反思一定是自己哪里做错了。

如果一个人把所有的时间精力、爱好习惯，都用来讨好别人，他就会活得不仅没有自我，还会很痛苦，很疲惫。因为，他每一次讨好别人，都像在揭自己的鳞甲，撕属于自己的个性标签，无形之中否定了自己。

而这样的结果，除了让自己鲜血淋漓、面目全非之外，得不到任何好处。做自己绝对不是一件容易的事，它比随波逐流需要付出更多的勇气。而敢于做自己的人，内心一定是顽强而有力量的。

我也曾是一个不受重视的小女孩。由于家里长辈有重男轻女的思想，从上到下都重视哥哥，把最好的资源配置给哥哥。我想要的东西，必须努力去争取。讨好，也是我惯用的手段。

我不敢惹爸妈生气，一直是他们眼里的乖乖女。考不好，不知道该怎么向他们交代，就先在楼道里哭上一通，自己惩罚自己；上了大学，家里没人主动给我打一个电话关心问候，我便假装很受宠地一遍一遍地汇报情况；跟朋友交往，生怕他们不喜欢我，只好藏起自己的主张，做一个合群的好相处的同学。

别人买了一件新衣服，哪怕再难看，我都会违心地说："很好看呀。"

别人得了荣誉，我哪怕心里不服气，也会对对方说："祝贺你呀。"

甚至有时候，别人的一个眼神，一句玩笑，都会让我心里泛起波澜，猜测着对方话里话外是不是有什么没说出口的潜台词，是不是对我不满，我是不是做错了什么。

我一直认为自己卑微渺小，是人群中最容易被忽视的存在。有一天，我先生看到了我，他牵起我的手，什么都要征求我的意见，万事以我的感受为前提，我竟有点受宠若惊。我的意见有那么重要吗？我的感受可以影响什么吗？向来都是我讨好别人，什么时候轮到别人如此看重我了？我配吗？

他说，他爱我，我值得他为我付出所有。

我在校刊上发表的文章他都看了，还剪下来做了收集。他鼓励我创作，不要放弃自己的梦想。他看得见我所有的伪装和坚强，告诉我不要"死撑"……

那是我第一次不用讨好就可以得到别人的喜欢。在爱情和文字的滋养下，我慢慢地把卑微懦弱的自己解救出来，挺直腰杆无所畏惧地做自己。

其实，我没有那么差劲，喜欢我的人不会轻易离开，不喜欢我的人离开又有何妨？就像如今我写公众号，有人喜欢我写情感，有人喜欢我写热点，有人喜欢我写故事……众口难调，我不可能让每一个读者都满意，每天都有离开的人，也有新进来的人，偶尔，我会面临不同立场的质疑和批评。但我能做到的，就是写自己愿意写的，笔耕不辍，静待花开。

我不会为了讨好某一类人否定自己创作的能力，也不再为了讨好任何人把自己的尊严踩在脚下。把握了这个方向，我发现事情反而变得容易多了，人缘也比之前更好了。

如果你问我，如何才能活成自己喜欢的样子？我会告诉你，坚持做自己：

（1）不因别人的审美而否定自己。你要承认，无论你美若天仙还是能力超群，这世上总有不喜欢你的人。刻意去讨好别人，折损的是自己的尊严，结果往往会适得其反。

做人不可能面面俱到，你不可能讨得每个人的欢心。与其在意别人的目光和喜好，还不如坚持自己，活成自己喜欢的样子。

（2）坚持做自己热爱的事。在你擅长和热爱的事情上找到自信时，不辜负这种热爱。当你通过自己的努力得到别人的认可时，你就会有一种满足感和成就感。

可可·香奈尔曾说："我从不是一个女英雄。但是我选择了我想成为的样子，而我现在正如自己所愿。即使我不被爱、不讨人喜欢又能怎样？"

（3）保持自我，不为合群而改变自己的个性。我们很多时候都活在别人的看法里，只要有一点负面评价便心有不快，其实完全没有必要。

保持自我，坚持做自己，才能活成自己喜欢的样子，别人才会更欣赏你。

Chapter 5

静下心来等一朵花开

在外人看来的幸运和机会，都是一个人努力锻炼出来的做事能力

总有人说，机会和幸运是概率问题，是可遇不可求的。但其实，这取决于你做事的能力。我们可以试着去锻造这种能力：最大化身边的机会；提高发现机会的技能；拥有敢于挑战困难的心态，那么成功的概率，即幸运的概率，将会大大提升。正如英国赫特福德大学心理学、公众参与教授理查德·怀斯曼所说："幸运的人似乎有一种不可思议的能力，能够在正确的时间、正确的地点，获取比他应得的更多的东西。"

幸运的前提是努力，当机会来临时，你能接得住。你对自己的要求越高，你就越有可能获得意外的资源，捕捉到别人无法发现的机会。

你业余时间去练习毛笔字，有人对你说：写那个有什么用？到了谈恋爱的年龄，还不赶紧找对象去？！

你下班后学英语，有人旁敲侧击地"提醒"你：学那个有什么用？在二三线小城市，还想出国不成？

你熬夜攻 MBA，有人不怀好意地讽刺你：考那个有什么用？有这么稳定的工作还不安分，有时间还不如好好睡一觉！

很多时候，你想要进步的热情突然高涨，却被一个叫"苦口婆心"的人阻挡破坏。

有人不服，暗自发力；有人妥协，放弃初衷。在各种"无用论"的干涉下，有人慢慢被同化，开始对周围逆来顺受，最终淹没在壁垒森严的深井中，成为一只坐井观天的青蛙。

生活中若得过且过，随遇而安，多年后，你可能会发现，曾经苦练毛笔字的同学，现在写出的字苍劲有力，已然有了大家风范、小有名气；曾经天天背单词的朋友，现在已经任职大企业或准备出国了；曾经熬夜攻读 MBA 的同事，现在已经潇洒地辞职下海创业，财富更是不知道翻了几番。

于是，你心里无尽懊恼，抱怨自己没有碰到他们那样的好机会和运气。可这仅仅是机会和幸运的问题吗？这显然是能力不足，而不是概率问题。

有一位前辈，是做原创公众号的。记得有一次聊起来，才知道她比我年长几岁，在当地文联工作，因为爱写文章被说成"异类"，连她丈夫都常"挤兑"她："写这个有什么用？别瞎耽误工夫，还不如洗两件衣服。"

她不理会周围人的声音，坚持每天写一篇随笔，每周看一部电影、读一本书，不断拓宽自己的知识储备，激发灵感，潜心创作。两年以后，她写的一篇文章忽然"爆红"，一鸣惊人，各种约稿鱼贯而至，广告邀约也纷至沓来。

当别人都羡慕她的幸运时，却不知道在这份看似轻松和幸运的背后，她付出过多少不为人知的努力。

作为同行，我深知这日复一日的坚持意味着什么。日行三千字，不仅靠时间和才华来保障，更要有健康的身体和辛勤的汗水保障。如果说，世界上真的有"好运"和"机遇"，那么它们一定属于认真做事的人。

我这些年写公众号、出书、做编剧，体会过"一夜成名"的快感。当朋友圈有人转发我的文章时；当出版社找我签约合作时；当我的一篇"爆文"被改编成院线电影在全国上映时，很多人都说你太幸运了。我笑笑，他们不知道，这些年我都是下班后从不出去玩，周末没有特殊情况从不下楼，我把自己跟这个繁华的世界隔开，不停地在键盘上哭啊笑啊，书写着一段段悲欢离合的故事，跟梦想"死磕"！我承认我幸运，但我从不否认我的努力：脱发、颈椎病、肩周炎、腰肌劳损纷纷找上门来，这便是别人看不到的代价。

这个世界真没什么现成的好运气，你只能用付出的足够努力，不断磨炼自己做事的能力。

我的朋友小吴有一次参加公司总部的遴选，为了能够跳出分公司到总部工作，小吴下足了"功夫"，又是找人又是托关系，还连续三天在朋友圈转发"锦鲤"，配文是：转发这个"锦鲤"，不用努力就能遴选成功。和小吴一起进公司的另一位同事崔芳却不参与这种活动，而是埋头苦干，想方案、总结经验。

结果，小吴在笔试的环节就落选了，而崔芳却像"开了挂"一样，一路过关斩将，最后被总部录取，分到最好的部门。

小吴特别不服气，觉得崔芳只不过是运气好罢了。

"我和她一起进公司，各方面基础都差不多，甚至当初一起入职公司的时候，她分的部门比我还差劲，怎么可能好过我？不过是运气好罢了。"小吴酸溜溜地说。她把崔芳成功的原因归结为"运气好"。分公司老总看她这样，专门把她和崔芳叫到办公室，模拟出一项任务，要求她们在很短的时间内做出有效方案。

小吴绞尽脑汁，整理了一份自认为比较满意的方案，可是当老总把崔芳的方案递给她之后，她顿时明白了自己和崔芳的差距。在这份方案里，崔芳不仅写出了方法、措施，有可能达到的预期效果，甚至还提前想到了可能出现的意外以及防范措施，崔芳写的方案确实更加细致稳妥、更具有实操性。

可见，在外人看来的幸运和机会，都是一个人努力锻炼出来的做事能力。

作家格拉德威尔在《异类》一书中写道："人们眼中的天才之所以卓越非凡，并非天资超人一等，而是付出了持续不断的努力。一万个小时的锤炼是任何人从平凡变成超凡的必要条件。"

这就是著名的一万小时定律，维持与激发激情的钥匙。

我曾经看过这样一段话：**没有赶上航班是因为你动身太迟，错过了商机是因为你犹豫不决。上天把机会抛来时，对任何人都是公平的。有人捷足先登，有人姗姗来迟，但机遇只会赐予有准备的人。**

人生绝没有捷径可走。若想成功，你可以从以下几个方面努力：

（1）学会坚持与忍耐。那些令人艳羡的成功，靠的从来不是幸运，而是一步一步走过荆棘蛮荒的时间和毅力。

（2）不轻易走捷径。与其挖空心思寻找成功的捷径，不如踏踏实实，走好脚下的每一步路。你努力到位才有能力，有了能力，幸运就会如约而至。

（3）只管耕耘，不问收获。享受努力之后的充实，把整个过程当作一次探险，风险中自有机遇存在。

幸运和能力，是一对连体婴儿，有了能力，就能把握住机会和幸运，实现人生梦想。

做一个有底线的老实人

做人要老实，但不能没有底线。没有底线是懦弱的表现，只能让你更没有底气，也没有尊严。要学会尊重自己，才能活出自己的风格。

夏斌是公司公认的"老实人"。工作勤勤恳恳，一丝不苟，为人不善言辞，安分守己，是领导们最喜欢的实干家。一份工作干十分，绝不会多说一分。

可能因为太老实本分，很少去炫耀自己的成绩，他参加工作十年，还是一个"大头兵"。和他同时参加工作的同事，好多已经升任中层了。

不久前，单位来了一位新人，叫小刘。小刘初入职场，工作上没有什么经验，但他性格活泼，人很聪明，能说会道，也许是看夏斌那么大年纪还是个小科员，就对夏斌不太尊重，连个尊称都懒得叫，需要夏斌帮忙时就直呼他为"老夏"。

对于他的无礼，夏斌并不在意，依然尽力做好自己的事，该帮助小刘时倾尽全力相助。久而久之，小刘为了贪功，心生一计，他冒险到领导那里领来一些很难办很棘手的工作，然后装出一副很无奈很委屈的样子央求夏斌帮他。夏斌实在，每次都是实心实意地帮小刘完成工作。而小刘只负责到领导那里请功，把夏斌的劳动成果说成是自己的成绩。

起初，小刘用这种手段先后受到领导多次表扬，还获得了升职加薪的机会。

有一次，领导交给他一项很重要的工作任务，由于牵涉的数字太多，内容庞杂，小刘根本理不清思绪，就又打起了让夏斌帮忙的主意。

在他的软磨硬泡下，夏斌又帮他承担起这项工作。可他非但不感恩，反而还跟别人说自己有多聪明。没几天，夏斌把工作做好，小刘一看，密密麻麻的数字，各种各样的批注和说明，很翔实具体的样子。

小刘对夏斌的工作一向放心，这张报表他只看了一眼就交了上去。本以为会得到领导的表扬，没想到却挨了批评。原来，在这份报表里，有好几处数据有明显错误，一旦实施，就会造成失之毫厘、谬之千里的重大损失。这样的错误，根本不应该出现，领导对小刘的信任一落千丈。

"这不是我做的，是夏斌做的！"小刘连忙把错误推到夏斌身上。

领导把夏斌叫到办公室询问情况，问他为什么做出错误表格。夏斌说："对，是我做的，之前的几张报表也是我做的。因为我后期做了数据对比，发现之前的统计方法不够精确，重新做了测算。你看，是这样的——"夏斌用铅笔画了一张草图，很快说明了如何操作才能节省开支与成本。

领导恍然大悟，对夏斌大加赞赏。项目实施完成以后，夏斌因出色的业务能力，被调整成部门主管，成了小刘的顶头上司。小刘傻眼了，他深知靠浑水摸鱼混不下去了，提出了辞职。

所谓聪明反被聪明误。任何耍小聪明的人，只能蒙骗别人一时，时间久了，早晚会露馅。有实力的人，大多是老实人，因为老实，才会踏踏实实地做事，在长年累月的努力中积累真本事。所以，别欺负老实人。他们有着沉淀已久的人品和实力。

在这个世界上，真正可信、可敬、可爱的，是老实人。他们具有很高的宽容度和亲和力，他们靠真心实意、尽心竭力、坚持不懈地做老实人、说老实话、办老实事，一步步树立起自己的口碑。

《菜根谭》里有一句话："故君子与其练达，不若朴鲁。"老实人，值得我们每一个人去尊敬。我还想告诉大家，一定要做一个有底线的老实人：

（1）所有的忍让要有底线，包容要有限度。你可以待人真诚，但不要把自己放得太低。属于自己的要努力争取。如果你的包容换不来别人的感恩，请收回你的好心，和他们保持距离。

（2）你的善良需要带点锋芒。对别人过分的善良只会让他得寸进尺，认为你很懦弱。做一个是非分明的人，把善良用在善良的人身上。如果触碰到原则和底线问题，一定要果断拒绝。

（3）老老实实做人，踏踏实实做事。实事求是，敢于担当，仰无愧于天，俯无愧于地，对同事亲朋赤诚相待，忠于自己的内心。

"冷板凳"总有坐热的时候

生活中有多少人甘愿坐"冷板凳"？更遑论把"冷板凳"坐热。坐"冷板凳"是一个踏踏实实静待花开的过程，其中不乏酸楚和艰辛。人如果没有超脱的心态、豁达的胸襟、"死磕"的能力，就无法取得理想的成就。

如果你曾在单位前景光明，前途一片大好，所有人都以为你会在很短的时间内升迁提拔，但是命运猝不及防地跟你开了一个玩笑。你因一次工作失误失去了领导的信任，把你从炙手可热的位置调到可有可无的部门，你会怎么做？

焦虑、不安、自暴自弃，甚至一蹶不振？

我的朋友方勇给出了不一样的答案。

方勇因为工作能力强，肯吃苦，他工作两年就升任小组组长，之后势如破竹，两年一个台阶。当大多数人还是职场"小白"时，他已经升成部门经理了。

所有人都说，不出两年，方勇一定能够更进一步。没想到，

命运却急转直下，方勇由于一次数据统计有误，导致公司丢
了一个大单。领导非常恼怒，把他打发到"冷宫"，即公司的
档案室，从此再也不得"召见"。

　　一下子从最热门的提拔人选，被"贬斥"到人人都不愿
意去的档案室，方勇坐起了"冷板凳"，心理落差可想而知。

　　那些平日里嫉妒他的人，都不怀好意地等着看他的笑话。
是啊，就连我们这些平日里关系很好的朋友，也开始为他担心：
这么一来，他的前程可真的要"凉凉"了。

　　方勇却坦然自若："没事，我正好有时间做自己喜欢的事
情了。"

　　我们以为他说这话是自我安慰，可三年过后，他不但
考取了心理咨询师，还趁闲暇时间重拾写作，在网上连载
小说，每天更新 5000 字。现在一部小说已经完结，每个
月都有不菲的收入。另一部小说一开头，就被一家出版公
司签了版权。

　　最让人惊奇的，他在坐"冷板凳"期间，不断地去探索
和创新工作方法，让整个部门的工作风貌焕然一新，烦冗的
档案资料实现了电子化管理，多次受到上级部门的表彰。

　　在他的带领下，"冷部门"慢慢变成了许多年轻人都愿意
去的"热部门"。新来的一位领导发现了他的才华，一纸调令，
把他调到某个二级机构当了二把手。一年后，又稳稳当当接

了一把手的位置。

之前等着看他笑话的人瞠目结舌，甚至当年出言讽刺他的那个人，也开始主动示好。谁能想到，在他坐"冷板凳"的那些日子，他一分一秒都没有浪费，硬是凭实力让事业重回正轨。

很多人把大家都不愿意去做的工作或部门，称为"冷板凳"。一旦被安排到那里，就如同进了"冷宫"，再也难有翻盘的机会。

但是，我们必须承认，在人生的舞台上，有很多人终其一生都很难成为光鲜亮丽的主角，外人对他们的定位，似乎就是一个"跑龙套的"。

电影《新喜剧之王》中，有一个叫"如梦"的姑娘，刚开始在很多人眼中，就是一个可有可无的人。她怀揣着《演员的修养》，每天斗志昂扬地出现在各个片场，等着剧组群演招人。哪怕一句台词都没有，只是演一个没有镜头的死人，她都认真去表演。

但不管她怎么努力，还是会被冷落、被无视、被捉弄、被欺负。为了能够演戏，争取能在镜头前表演的机会，她可以不要报酬，"给盒饭就行"。为了扮演一个"死尸"，她顶着三天不能卸的死人妆回家给父亲过生日；为了出演更多角色，她时常遭到拳打脚踢，却没有一格镜头。她所有饱含心血的角色诠释，没有获得过一丁点儿的尊重。稍不留意，还会被导演、助理甚至分发盒饭的人骂得狗血淋头。

同龄的女孩子，已经结婚生子。可是她却执着地奔波在一个又一个片场里，忍受着一次又一次的侮辱和谩骂，为了自己的演员梦而顽强拼搏着。

恨铁不成钢的父亲指着她大骂，可她说："术业有专攻，我跑龙套也可以自食其力，我有我的梦想。"

爸爸说："你都三十岁了，跑龙套跑了十几年了，当了女主角了吗？"

是啊，龙套跑了十几年，却连一句有台词的角色都没有演过，这样的梦想，想要继续坚持，怎么都有些不切实际。

可如梦仍然坚信："我相信凭我的天赋，只要我肯努力，肯定能当女主角。"

就这样，在所有人都不看好的情况下，她终于抓住了一次改变自己命运的机会，一跃成为最佳女主角，站在了星光璀璨的舞台中央。如梦红了，所有人都为她鼓掌，只有她知道，"冷板凳"坐得久了，也能生出些许温度来。

2015 年，八十五岁的屠呦呦获得诺贝尔生理学或医学奖。因为她发现了青蒿素，该药品可以有效降低疟疾患者的死亡率，这使她成为首获科学类诺贝尔奖的中国人。

外人都说屠呦呦一举成功，但大家不知道的是，多年前，屠呦呦带领团队默默无闻潜心钻研，做过成千上万次试验，才确定了青蒿素的药效，为人类的生命健康做出了重大的贡献。

究其原因，是屠呦呦能耐得住清冷和寂寞，哪怕受尽失败和孤独的苦，坐上了"冷板凳"，依旧不改初衷，直到打开新的格局。她是真的热爱自己从事的事业，忠诚于自己的信仰，朝一个目标坚守和努力行动的人。

其实，"冷板凳"是因人而异的，常常"看人下菜"。对于那些不屈不挠的人而言，一时的冷遇，恰是他们打磨和沉淀自己的最佳时机。所以，只要给这些人一个机会，他们就能把"冷板凳"坐热。

（1）分析坐"冷板凳"的原因，改变自己的被动处境。与其抱怨坐"冷板凳"，不如搞清楚坐"冷板凳"的原因，但不管是什么，都是一场关于耐力的考验。如果是个人能力的问题，可以趁机好好加强，在适当的时机重回事业正轨。

（2）把坐"冷板凳"当作一场磨砺。不妨将眼前的"冷板凳"作为磨炼自我的一个最佳时机，从而提升自己、发愤图强，以实现"冷板凳"到"热板凳"的平稳过渡。人只要自己不放弃努力，就一定会摆脱"冷板凳"的困扰，最终"守得云开见月明"，让"失意"变成"得意"。

（3）把"冷板凳"坐成"热板凳"。干一行，爱一行，专一行，热爱自己的专业，在自己的领域里潜心钻研，忍受住寂寞，始终不受外界干扰，用一股韧劲儿和巧劲儿，直到在这个岗位上做出令人惊喜的成绩。

静下心来等一朵花开

巴尔扎克说，善于等待的人，一切好运会及时来到。

在生命的长河中，我们要学会等待，但是，我这里说的等待，并非是什么也不做，就等着"天上的馅饼"掉到嘴里。这不叫等待，叫妄想。真正的等待，是尽职尽责、尽心尽力地去做一件事，然后静下心来"等一朵花开"。

（1）学会等待，不要急功近利，也不要错失良机。

有一位老和尚，把几颗极其珍贵的"千年莲花种子"送给自己的三个小徒弟，让他们去种。

第一个徒弟性情急躁，拿到种子后，他的想法是：我一定要第一个把它种出来。于是，他不顾季节是否合适，立即跑出去找锄头，把种子种在了寒风中的雪地里。结果，种子还没有发芽，就被冻死了。

他一怒之下，扔掉了锄头，不干了。

第二个徒弟知道种子很珍贵。他找来金花盆，用了最好的肥料和药水，小心翼翼地种下它。种子发芽了。他欣喜若狂，为了更好地呵护嫩芽，他找了个金罩子罩在上面，让它不受风吹，不受雨淋。

然而，幼芽因无法得到阳光雨露，枯死了。

第三个徒弟认定这是一颗能够发芽长大的种子。他把种子放在布袋里，挂在自己胸前。

当大师兄二师兄苦苦思索着如何种出千年莲花的时候，他老老实实地扫着庙外的风雪；当大师兄二师兄用尽一切办法让种子发芽的时候，他守着庙里的炉火，做着喷喷香的斋饭。

他就这样平静地生活、散步，等着最合适的时机种下自己的种子。

终于，冰雪融化了，春天来了，他在池塘的一角，埋下了那颗种子。不久，这颗种子发芽了。等到盛夏时，古老的千年莲花静静地盛开了。

生命是急不得的，有时候我们需要静下心来，等一场生命的花开。

（2）有些人有些事，值得用一生去等待。

林清玄曾经说过："人生中有许多事，是值得等待的。的确如此，不管人生这一条路如何曲折蜿蜒，漫长遥远，总有一些人一些事，是值得用一生去等待的。"

有一个关于忠贞的爱情故事：

唐朝有一位名臣叫贾直言，他的父亲因为犯了事而被皇帝赐了毒酒。为了救父亲，贾直言替父亲喝了毒药，所幸没有死。皇帝被他的孝心所感动，于是免去他父亲的死罪，把父子俩都流放到岭南。

临走前，贾直言对年轻貌美的妻子董氏说："我这一走，生死前途未卜，不知道还能不能回来。你还年轻，赶紧找个人改嫁吧，不必再等我了。"

董氏是个刚烈女子。听到丈夫此言，没说话，只是拿来一匹绸缎和一条绳子，把自己的头发紧紧地封起来，让丈夫在绸缎上写了一个字，然后说："非君手不解。我一定等你回来，亲手把这绸缎和绳子解开。"

这一等就是二十年。雪化了又落，花开了又谢，董氏从青春年少的美貌女子，等成了红颜不再的中年妇人。丈夫终于回来了，发现她头上的绸缎和绳子仍然系得紧紧的，和临行前一样。

贾直言立刻解开绳子和绸缎。妻子的头发已经干结缠绕在一起，用油浸润之后才慢慢解开，洗发的时候，尽数脱落。贾直言深受感动，决定用余生好好补偿妻子。

愿得一人心，白首不相离。结发为夫妻，恩爱两不疑。那一头青丝在等待中的凋落，写满了爱情的悲欢离合。还好，我等到了你，余生再不会有所遗憾和怅惘。

（3）人生是美好的，漫长的时光值得我们等待。

我想起曾经看过的一部奇幻电影《童梦奇缘》。十二岁的少年光仔是个不快乐的小男孩，他觉得爸爸太严厉，后妈太恶毒，日子过得很煎熬。他渴望着快点长大，离开那个让他讨厌而窒息的家。

有一天，光仔在公园里遇到了一个神秘的科学家。科学家告诉他，自己研究了一种神奇的药水，可以让孩子迅速长成大人。急于摆脱童年的光仔喝下药水，一夜之间，从十二岁的少年长成了二十岁的年轻人。

一夜之间就长大，这让他又惊又喜。他认为自己终于可以随心所欲地做自己想做的事了。可是，长大后的光仔很快发现，成人的世界与自己想象中的完全不一样。光仔后悔了，而药水也开始显现出它的副作用，很快，他变成了一位白发苍苍的老人。他疯狂地在公园里寻找那位科学家，想回到自己的少年时光。他想慢慢长大，学还没来得及学的知识，爱还没来得及爱的人，他想在漫长的时光里，慢慢地等待一个又一个充满希望的明天。

终于，那位科学家出现了。光仔泪流满面地说："我不想长大了，把我变回去吧。"可是科学家却说："无法回头了。"

生命是一个过程，它不能重来。

电影里的光仔，多像我们每个人的小时候。谁不曾在少年时光里，憧憬着长大后的模样？所以我们曾那么急迫地想要长大，成为一个不再受老师、父母约束管教的自由人。

而当我们长大成人后，才发现最美好的岁月，其实永远都是在等待长大的那一段时光里。

人生最美好的，莫过于等待的未知。因为未知，所以才充满期待和向往。

（4）等待，其实就是我们这一生最平常的姿态。

沙漠里有一种植物。只要遇到一场雨，它们就能急速的发芽、生根、开花、结果，在短短八天的时间里，完成其所有的生命周期。然后，新结的种子又潜回到沙子里，等着生命中的下一场雨。

六十年前，科学家在地下泥炭层中，发现了一些已经埋藏了近千年的古莲子。科学家们把这些千年莲子种在了故宫植物园中，没想到，这些古莲子两年之后，开出了淡红色的荷花。对于这些古莲子来说，在地下的千年黑暗，只为了等这一场生命中的盛大开放。

余秋雨在散文诗《我在等你》中写道：炊烟起了，我在门口等你；夕阳下了，我在山边等你；叶子黄了，我在树下等你；月儿弯了，我在十五等你；细雨来了，我在伞下等你；流水冻了，我在河畔等你；生命累了，我在天堂等你；我们老了，我在来生等你。

你看，生命中最美好的时刻，都是由那些微小而具体的等待组成的。在某种意义上，等待就意味着希望。

产房门外，家人们等待的是新的生命；手术室外，亲友们等待的是牵挂，是亲人的劫后余生；孩子们等待的是成长，是青春，是爱情；家长们等待的是孩子的平安长大，金榜题名，事业有成。

生命漫长，最美好的东西值得等待。等过了狂风暴雨你才能看到彩虹，等过了尘埃落定，你才能过好余生。

越是至暗时刻，越要硬着头皮前行

生活有太多苦难，每个人也曾经历过自己人生的至暗时刻，或许那段时光会压抑、苦闷、迷茫、无助、绝望、自我怀疑、伸手不见五指……但越是处在至暗时刻，越要相信光明的力量，"硬着头皮"往前走。

朋友程橙欢呼雀跃地给我打电话，要请我吃饭。我问她发生了什么好事，她按捺不住内心的激动，说终于凑够了一套房子的首付，可以带着女儿住进自己的房子里了。

她说："谢谢你当初给我的帮助，我再也不用体会那种寄人篱下的感觉了。"

程橙离婚很多年了。当初她和第二任丈夫都是二婚，因为各自有过一段短暂而不幸的婚姻，两人惺惺相惜，彼此心疼，很快组成了新的家庭。其实程橙自身条件很好，工作、家庭、外貌，都没得挑，但因第一次婚姻失败，再嫁的时候，嫁给了没有稳定收入的第二任丈夫。

为了支持第二任丈夫创业，她卖掉父母给自己的房子，还辞去高薪工作，专心帮助第二任丈夫打天下。可就在她怀孕八个月时，事业刚有了一点起色，就发现第二任丈夫不对劲了。好不容易生下女儿，第二任丈夫嫌吵，天天借口出差谈生意，连家都不回，直到有个女人抱着一个男孩找上门来。

没办法，她再次离婚。那段时间，应该是程橙最黑暗的时光，她整个人郁郁寡欢，陷入深度的自我怀疑：年纪轻轻离了两次婚，拉扯着一个没有断奶的孩子，连工作和落脚处都没有，日子可怎么过？

无奈之下，她只好带着女儿投奔娘家，在弟媳和街坊邻居的非议中，住进父母的旧房子。

没人知道那一段岁月她是怎么熬过来的，没有收入，不能向父母张口要钱，可女儿要上学，生活要继续。为了凑够生活的日常开销，她什么办法都想过，摆过地摊、卖过服装、当过餐厅服务员、凭着自己的专业特长到一家小学当起了临时代课老师……母亲心疼她，劝她再找个男人嫁了吧。她摇摇头说："这事不能急。即使再嫁，也要选对人才行。"

如今，她终于用自己挣来的钱，供女儿上了最好的学校，交了房子首付，还买了一辆二手车。聚会时，她喝得微醺，聊起这些年的不易，忍不住痛哭流涕。

我们这才知道，她在最难的时候曾想过自杀。刀片都放在手腕上了，是女儿梦中的一声轻呓，唤回了她。那天的夜出奇的黑，却意外地短暂，她抱着女儿，一夜未眠，很快就等到天光大亮。天亮的那一刻，她发现黑暗不管多么可怕都会过去。之后，她就什么都不怕了。

不怕死，还怕活着吗？她放下姿态，四处筹钱，跟一个同事合伙开了一家培训机构。七年后，她终于可以挺直身板，不畏惧二婚三婚的流言了。

经历过彻骨的黑暗，熬过最孤独的等待，都会迎来黎明的曙光。被现实淬炼出的老茧，它再跳动必然更加强劲有力。

所有怒放的生命，都曾经历过命运的寒冬。

史铁生是许多人都喜欢的作家，他的人生像他的名字一样，铮铮如铁。大家关注他的文学作品，却很少有人知道，他有段灰暗的历史。

史铁生二十多岁的时候，一场不明原因的病痛，让他从一个强壮的 800 米跨栏冠军，变成了一个只能坐在轮椅上的残疾人。这样的打击，让史铁生的生命瞬间坠入无边的黑暗。他无法接受，也曾有过自杀轻生的举动。在最偏激暴躁的时候，甚至冲着最爱他的母亲大发雷霆。

但值得庆幸的是，他还是从巨大的绝望中一路走出来了。后来，他自学画画、外语，并且爱上了写作。他早年居住的地方，有几十米坑洼不平的土路，稍有不慎，轮椅就会翻倒。

每次翻倒，史铁生就会坐在地上，先扶起轮椅，再用双臂支撑，让自己的整个身体坐回去，十分艰难。

母亲去世后，很多人猜测他的人生会再次堕入深谷，没有了陪伴在他身边的那位老人，他也许会自暴自弃，生活得更加艰难。然而，当朋友们见到他时，发现他乐观开朗，已经重新燃起了生活的斗志。

本以为他已经够惨了，没想到下身瘫痪的他又患上了肾病，无法正常排尿，一生只能依仗尿管，身上永远摆脱不了一股尿味。然而他不服输，选择向命运宣战！

在《我与地坛》中，他如是写道："命运从来可以摧残一切光鲜皮囊，却杀不死坚强的灵魂。"他的坚强与乐观，让他遇到了一生的爱人，写下了那句感人至深的诗句："你来了，黑夜才听懂期待；你来了，白昼才看破樊篱。"

可上天没有打算放过他，就在他刚收获美好爱情后不久，他的肾病就恶化成了尿毒症。每个星期他都要去医院做透析，把全身的血液进行过滤循环。这样的生活，持续了整整十二年。2010 年，史铁生去世，他把身上完好健康的肝脏和眼角膜捐献给公益组织。要知道当时的整个华北地区，只有 5 人愿意捐献器官，他就是其中之一，可见他内心何其强大。

他这一生都在面对常人无法想象的绝望和黑暗，却用发着光的文字和精神照亮了全世界。

我最喜欢的一部电影《美丽人生》，主要讲述了一对犹太父子的感人故事。父亲圭多是个犹太人，在法西斯政权下，圭多和儿子被送进了纳粹集中营。那是一个无比黑暗的时代，一场命如草芥的压迫。

圭多为了不让儿子幼小的心灵蒙上阴影，在惨无人道的集中营里，哄骗儿子这是在玩一场游戏，只要遵守游戏规则，最终计够 1000 分就能获得一辆真正的坦克，然后回到家中。在随时可能面临死亡的环境里，圭多一边乐观地干着脏苦的工作，一边用一个又一个的谎言善意地欺骗孩子。孩子在父亲的保护下，从头至尾都认为这是一场游戏。

我印象最深的一个情节是：当解放来临之际，纳粹准备逃走，圭多将儿子藏在一个铁柜里，千叮万嘱让他不要出来，否则得不到坦克。他打算趁乱到女监去找妻子，但不幸的是他被纳粹发现。当纳粹押着圭多经过儿子藏着的铁柜时，他还乐观地、大步地走去，暗示儿子不要出来。历经磨难的圭多最终惨死在德国纳粹的枪口下。

天亮了，儿子从铁柜里爬出来，站在院子里。这时一辆真的坦克车开到他的面前，下来一个美军士兵，将他抱上坦克。最后，母子团聚，两人拥抱在和平的阳光里。

父亲圭多是一个伟大的人，他用自己的生命守护了孩子。就算在最艰难最黑暗的日子里，就算希望渺茫，死亡近在眼前，他依然没有放弃对妻子和儿子的救助，硬着头皮挨过一个个危机。而且，从头到尾，他没有伤害过任何一个人。

他的勇气、乐观与智慧，即使在硝烟弥漫的战争中，即使在暗无天日的绝望里，即使在枪声响起，死亡来临的那一刻，依然闪现着耀眼夺目的光芒。最后，他真的赢了，他深爱的家人拥有了他们的美丽人生。

真正的勇士并不是没有失败的时候，而是不会被失败打倒。这个世间，没有一个人的路途会永远艳阳高照、鲜花满径，我们都会或多或少地经历一些黑暗崎岖、荆棘丛生的山路，去独自面对生命中的险象环生。为此，我们在生活中需要做到：

（1）相信光明就在不远处。这世上没有人永远可以让你依靠，也没有人代替你努力。你要在最痛苦的阶段坚持下来，保持坚定的信念，才能熬过最深的长夜，迎来属于自己的曙光。

（2）在黑暗中果断行动。身陷逆境或面临重大抉择时，要迅速、果断地确认前进的方向。利用智慧与困难"周旋"，顽强不息地朝着光明前进，不到最后一刻坚决不放弃。

（3）永远坚守自己的底线。越是至暗时刻，越要提防让自己抛弃原则，做损人利己、坑蒙拐骗的事情。那条路看似便捷，却会把你抛入更深的深渊。诚实、忠诚、善良，永远是一个人成功的必要品质。

罗曼·罗兰曾经说过："世界上只有一种英雄主义，那就是认清了生活的真相之后，还仍然热爱它。"看一个人是否真的优秀，不仅仅要看他成功时的样子，更应该看他失败后，能够用多长时间走出来。愿你手持宝剑，穿越黑暗，做自己的英雄。

没有退路的时候，正是激发潜力的时候

有次我去菜市场买菜时，看到一个六十多岁的大娘在路边卖菜。只见她满头白发，略带沧桑，在路边铺了个红毯子，整整齐齐码了七八样菜。逢人就轻轻地喊："来看看，自己种的菜，自己种的菜……"

我不由得停下脚步。

我喜欢买老人的东西，也喜欢买菜农的菜。菜贩子会把菜打理得一尘不染，但我总觉得少了点接地气的味道。而这位老人能成功吸引我的注意，一是因为她的年龄，二是因为她的菜似乎散发着泥土的清香。

我买了一点辣椒和豆角，其实家里还有，但我就是想帮她，让她早一点回家。称完，大娘亲切地说："孩子，五块六，你给我五块五吧。"

我笑了笑，提上菜，走在回家的路上，脑海中又浮现出几年前我走投无路的场景——2014 年，是我迄今为止最为窘

迫的一年。

那一年，哥哥因煤矿效益不好"下岗"。矿长给他们开了大会，直言目前已经发不出工资，鼓励他们去外面寻找机会，想看门的可以报名，好几个人轮，轮到谁，谁就有工资。没轮到的，不用上班，每个月发200元的生活费。

200块钱够干啥？哥哥愤愤不平，又别无他法。守在矿上，仿佛只有死路一条。

他给我打电话："要不……我去你们那儿摆地摊吧，这边认识的熟人太多，有点难为情。"

彼时，我跟先生刚搞砸了一个烧烤店。因为我们每月工资不高，加上孩子到了学这学那的年纪，日子过得捉襟见肘，常常入不敷出。还记得我为了省去一个服务员的开支，每天下了班就去端盘子刷碗，腰痛得直不起来。先生不让我再去，可他总要熬到凌晨两三点才能回家。

想着这么辛苦，应该可以赚点外快。但两个月后一盘点，还是亏了。

这是怎么回事？出了什么问题？是两家合伙的原因？还是进货销货账目不清晰？为什么客人那么多，竟然没盈利？我们傻眼了，一点头绪都没有。

只好关掉烧烤店，及时止损。

看着银行卡里521.08元的全部家当，我想对天大哭一场。无人帮衬，生活变得举步维艰，我能靠谁？

哥哥就是那个时候打来电话的，他继续问："行吗？"

我咬咬牙，说："行！"

人生哪有过不去的坎儿。没钱可以赚嘛，不行就去摆地摊！

我欣赏哥哥敢于豁出去的勇气。他以前在煤矿也算个小领导，很早就月入过万了。为了生活，他能从底层做起，已经很难得。作为妹妹，我只能支持他。

只是他不知道，我当时的这一叶扁舟马上也要翻了。

哥哥开着车来到我所在的城市，还顺便拉来了从批发市场进来的一大堆各式各样的玩具。

"李氏兄妹玩具摊"，就这么正式营业了。

当时我的孩子才四五岁，他看着琳琅满目的玩具，高兴疯了。而我和哥哥蜷缩在夏日最毒辣的阳光底下，拼命地扇着扇子，要热疯了。

那时我眼巴巴地望着来来往往的人，特别希望他们手里能牵个小孩，而且那个小孩还会哭着闹着买玩具。

我跟哥哥打趣："现在才发现，宠孩子的大人和不讲理的孩子真是太可爱了。"他辛酸地笑。如果一天能卖够300元，利润在 120 元左右，一个月算下来也有 3000 多块，就很知足了。

夜晚，那些会发光的玩具叮铃铃地自顾自地热闹着，映衬着我们殷勤热情的脸，一遍遍地向过路的人演示着超龄的童真。

我想，哥哥大老远来投奔我，我一定得照顾好他。所以，我和婆婆商量，每天变着花样地做饭，婆婆也很支持我，给哥哥送饭。如果不忙，我们就轮流回去吃。后来，婆婆心疼我们，每次做好饭她先随便吃点，再换我们两个回去吃。

那个夏天，是我记忆中最难熬的日子。

一个夏天过去了，哥哥算了算，本钱没多没少。赚了的可能就是地上的一堆玩具。

天气凉了，再加上孩子们开学，来公园的人就少了。哥哥心灰意冷，觉得摆地摊也不是长久之计，就打算回去。

可能是上天看我们可怜，有人突然抛来了橄榄枝。我的一个朋友，看到哥哥的情况，觉得他肯吃苦又细心，主动来找我："我朋友的公司，正好缺人，让他去帮个忙吧。不累，月薪 3000 元，一月一结。"

那一刻我差点哭了出来。终于不用摆地摊了！我真的怕了那种有一天没一天的日子。

就这样，仿佛命运对我们的考验就此结束，生活莫名其妙地好起来了。

哥哥在那个公司干得不错，过了两年，煤矿的经济效益又好了起来，把他们重新召集回去。而我，开始用笔写下内心的浮浮沉沉和生活的酸甜苦辣。

人的潜力是无穷的。谁都想不到，像我们这么苦的兄妹会有后来的美好际遇。

哥哥在煤矿得到重用，我的文字发表在网络上，被更多的人看见和喜欢。当我站在电影的发布会上分享自己创作的故事时，昨天的一切，都恍然如梦。

那些摸爬滚打，都是匍匐前行的滩涂之旅，硬着头皮走过去，也就迎来了属于自己的柳暗花明。

如今再回头看这些摆地摊的人，我心里会升起一种同情和鼓励。他们的背后，应该也有对生活的无望和坚持，也有许多不为人知的难言之隐。

所以，当你觉得没退路的时候，其实正是激发你潜力的时候。只要坚持下去，日子总会好的。

顺境使人安逸，而逆境则会催人成长。在我们没有退路时，自身的潜力才能被最大限度地激发，才能在风雨中成长。**研究显示，人们已经拥有的能力就像冰山一角，只占人本身能力的 30%，而还有 70% 能力隐藏在冰山之下，未被发掘。**

美国著名金融投资家克里斯·加德纳曾经被逼得毫无退路。他没有工作，没有房子，妻子离他而去，他只能带着孩子住在公厕里。可是他没有自暴自弃，坚持在缝隙中寻找机会和出路，终于一步步成为知名的金融投资家。

他说："在我二十几岁的时候，我经历了人们可以想象到的各种艰难、黑暗、恐惧的时刻，不过我从未想过放弃。"

万物皆有裂缝，那是潜力爬出来的地方。没有退路的时候，正是激发出自己潜能的时候，这时我们要做到：

（1）拥有良好的心理素质。遇到困难，不放弃，不消极，积极乐观地激发潜能，给自己一个积极的心理暗示，发奋图强，于无路可退中创造机会，开辟出路，去控制和协调已知和未知的力量。

（2）进行大量的实践活动。有时候你不明白自己的潜能所在，只能在跌跌撞撞中寻找答案。闭门造车是激发不出人的潜能的，所以只有通过参与社会实践活动，拓宽自己的见识，才能唤起你的潜能。

（3）永远不要停止学习。学习可以引导你激发潜能，遇到未知的自己。重新审视自己，深入了解自己，找到自己这辈子非做不可的事情。当你唤醒了心中酣睡的巨人后，就可以顺利修正罗盘的偏差，沿着正确的道路前进。

Chapter 6

尊重一直在突破的自己

给残酷的生活增添一点温度

我有一位朋友，每天都生活得兴致盎然、快乐自在。

但实际上，他的生活过得并不太如意。几年前，他的父亲得了肺癌，虽然发现得早，但巨额的医疗费压得这个家庭喘不过气来。

除此以外，他的工作也面临调整，被调到分公司一个最"冷"的部门。不仅钱少事多，还常常出差。父亲患病，事业无望，换作谁都会觉得闹心。可是我每次见到他，他都一副轻松自在的样子，仿佛从未忧愁过。

他对我们说，"一开始我也崩溃过，但崩溃毫无用处。父亲被查出患癌后，我偷偷哭过。医疗费高得令人咋舌，我到处筹钱筹不到，不得已卖了父母的房子，然后托关系、找门路，请最好的医生给父亲做手术。"那段时间，他深深地感受到了生活的残酷，也对人生充满了失望和怨愤。

母亲得知父亲患上绝症，急火攻心，也病倒了。父亲见此，十分自责，加上身体承受着太多痛苦，便趁着大家睡着了，将几个月攒下来的安眠药统统吃了下去。所幸发现及时，被抢救过来了，当他睁开眼睛看到阳光温暖地照在家人身上时，忽然醒悟了："活着真好！"

是啊，活着真好。有什么能比一家人整整齐齐在一起更幸福呢？活着，才能给家人带来温暖！

有什么能比看到明天的太阳更令人期待呢？春天的花开，夏天的蝉鸣，秋天的落叶，冬天的飘雪，四季交替，看似在轮回，每一天却是滚滚向前的。

人只有活着，才能欣赏美景、陪伴亲人、实现梦想；人只有活着，才能拥有呼吸的权利，感受到这个世界的温度。

体验过失而复得的快乐后，他鼓励父亲积极面对病情，也引导母亲乐观面对，自己则变着法子逗他们开心。虽然父亲最后还是走了，但是走得很安详。而母亲，也能从容地面对生离死别，心态平和地陪伴子女，继续生活。

给生活增加一点温度，会让突然出现的生离死别、悲欢离合，流淌在你的生命里，成为温热身体的一部分，形成身上的盔甲。

抖音上，"蹿红"过一位可爱的农民工大叔。

夜幕下，一位穿着工作服、戴着黄色安全帽的农民工大叔，在人行道上蹦蹦跳跳地往前走，他身材胖胖的，看上去十分憨厚可爱。这位大叔叫杨才明，快六十岁了，在重庆照母山星光隧道附近的工地上做木工，出来打工已经五六年了，老婆孩子都在老家。但即使不能和家人日日相守，工作又忙又累，杨大叔每天的生活仍然过得"热气腾腾"的，他常说："人嘛，在世上活着，就是再累再苦都要开心。"

被人录下视频的那天，他并没有什么特别开心的事情，只是在去吃饭的路上，一边走一边唱着歌，情不自禁地迈起了"舞步"。这段视频发到网上，杨大叔成了一名"网红"，很多网友在下面给他留言：

"生活已经很苦了，再不给自己找点乐子，就一苦到头了，加油，每天奋斗的人们。"

"当你觉得累了时，就抬头看看这个农民工大哥。"

"我们永远都不要被生活打败。"

……

当你开始热爱生活，竭尽全力向前拼搏时，生活自然也不会亏待你。

在我家小区门口，有一个不大的水果摊。说是水果摊，其实就是一辆小小的三轮车，上面码放着一些时令水果。

小摊的主人是一位年近花甲的老人，笑容和蔼可亲，但生意却不太好。因为小摊对面就是一家大型超市，水果种类又多又新鲜。况且，这位老人连电子支付的二维码都没有，而现在大部分人身上都不带现金。

有天晚上我和朋友一起聚会，回家时已经很晚了。由于天气寒冷，大街上没几个人，可是老人的那辆三轮车，仍孤零零地停在小区门口的路灯下。她的车上放了一个播放器，正播放着欢快的歌曲。

看到我，她笑着扬扬手："姑娘，买几个桔子再走吧，特价，10 块钱一大堆。"

我看了看车上的那一堆桔子，皮都干巴了，应该是摆了很久没有卖出去，被风化了。我摸了摸口袋，幸好还有 20 元零钱，就说："那我要 10 块钱的吧。"

老人眉开眼笑，忙不迭地往塑料袋里给我拣桔子。有一个桔子落在地上，摔破了皮。她心疼极了，把那个桔子捡起来，放在一边。等我离开，听到身后传来一阵歌声——这位老人剥开了那个桔子，一边吃，一边跟着音乐轻轻哼着，眉目之间全是满足。

后来有一次和她闲聊时，我才知道这位老人有两个儿子。一个儿子几年前不幸遭遇车祸去世，而另一个孩子为了生计外出打工，好几年都不回来。家里只有她和老伴两个人，老伴身体不好，瘫在床上很多年了。

她没有别的本事，便批发一点水果来卖。水果批发市场很远，她需要每天早上四点就起床，骑着三轮车去批发，然后再去小区门口卖。如果运气好，水果可以当天卖完，赚上百十来块钱；倘若遇上刮风下雨的天气，还会赔上一点钱。

可即使这样，她仍然很乐观。年轻的时候，她喜欢唱歌，现在卖水果时就随身带着一个小音箱，没事的时候就跟着唱。自己开心了，日子就没那么难过了。

面对生活中遇到的困难和不如意，我们要做到以下几点：

（1）始终怀有一颗赤子之心。知世故而不世故，展现自己未被社会污染、遮蔽、干扰的真实人性，用赤子之心温暖整个世界。

（2）对生活抱有热情和期待。对未来、对社会充满适度的期待，拥有求知的欲望和探索的激情，在残酷中发现美好，在冷漠中体会安宁，让自己热气腾腾地活着。

（3）做一个有温度的人。努力做一个坚强、乐观、善良、心态阳光、积极向上的人，善待他人，激励自己，传播正能量，微笑面对一切，世界就会因你而精彩。

保持善良的底线，但不能软弱

你要保持善良的底线，但不能软弱。当别人触碰到你的底线时，一定要毫不犹豫地反击回去。

（1）学会拒绝，勇敢说"不"。

我单位的小白，是个人人都想捏一把的"软柿子"。

他是个老好人，平时总是笑容满面，对谁都十分热情。刚参加工作时，他勤勉积极，每天很早就来到单位，拖地擦桌打扫卫生，等同事们到岗后，他甚至把茶水都给大家准备好了。

慢慢地，很多同事习惯了这种模式，如果某天发现桌子上有灰尘，就会很不满地冲小白嚷："你今天怎么偷懒了？"正忙得满头大汗的小白只能尴尬地笑笑，然后忙不迭地跑去擦桌子。

不仅如此，很多同事干不完的工作，也都甩给他：

"小白，你帮我把这个文件处理一下，明天领导要看。"

"小白，你周末有事吗？没事替我值个班。"

"小白，领导让我做个PPT，我做不好，你帮我做一下呗。"

……

小白在别人的"田地"里疲于奔命，连自己的本职工作都无暇顾及。到了年底评选优秀员工的时候，没有一个人选小白，理由很简单：他本来就是老好人，肯定会把这样的荣誉让给大家的，所以干脆不要考虑他好了。

工作八年，小白是这个部门里最忙的人，也是唯一一个没得过任何荣誉的人。提拔调整轮不上他，因为就算轮不上他，他也不会反抗的。直到身边的人都高升了，拥有了更好的前程，他还在纳闷这到底是怎么回事。

勇敢不一定能换来尊重，但是软弱一定会带来痛苦和屈辱；勇敢也许带不来什么，但是软弱却一定会错过什么。所有的软弱背后，都暗藏着昂贵的代价。

试着练习说"不"吧！只有尊重自己的内心，勇敢说"不"的人，才能获得应有的尊重。

（2）懂得拒绝，恰是最好的尊重。

日剧《我们无法成为野兽》里，女主角深海晶就是一个任人"宰割"的软弱羔羊。

深海晶是一家公司的销售助理，性格柔顺，脾气好，所以，不管遇到什么事情，同事们都会第一时间喊她"帮忙"。

有同事辞了职，可是老板并不打算再招聘新人，于是，那些工作就顺理成章地压到深海晶的身上。她在完成自己的本职工作之外，还要给老板端茶倒水。有些女同事没有心思工作，每天只想着减肥、喝茶，做出来的计划书漏洞百出，深海晶拿着计划书让她重新修改，结果女同事一句话："你帮我修改了呗。"她不好意思拒绝，只好替同事做计划书到深夜。

慢慢地，同事们甩给她的工作越来越多。时间久了，"有事就找深海晶"几乎成了公司里每个人的口头禅。

为了留住客户，她不得不低头向客户道歉，却不料被对方趁机揩油……

她的软弱让她不堪重负，却又不得不咬牙忍受。

在职场上，有很多像深海晶这样的人，明明遭到不公平的待遇却逆来顺受，连发声的勇气都没有。其实现实生活中，很多人都有欺软怕硬的劣根性。你越软弱，就越好欺负，就越容易遭到不公平的待遇。其实，人要明白，没有任何工作，值得用自己的尊严去交换。

（3）懂得拒绝别人，你才会爱自己。

感情里同样不能软弱。阮玲玉曾被誉为"中国的英格丽·褒曼"，民国的四大美女之一，史上最伟大的 25 位亚洲演员之一。但她在人生最辉煌的时候选择自尽，留给世人无限唏嘘。

　　阮玲玉幼年时，她的父亲就不幸去世了，她跟着母亲，辗转在大户人家，靠着做佣人的微薄收入，勉强度日。也许正是因为这样的生长环境，养成了她沉默寡言、胆小懦弱的性格。十五岁那年，阮玲玉遇到了张府的四公子张达民，对方对她展开了疯狂的爱情攻势。

　　也许是从小缺少父爱，她迫切地需要一种来自男性的温情和关爱。没多久，阮玲玉就沦陷在对方的甜言蜜语里，和张达民同居了。

　　阮玲玉曾对朋友说："我太弱了，我这个人经不起别人对我好。要是有人对我好，我也真会疯了似的爱他！"性情太柔弱，一味地被动接受，不知如何分辨真假感情，为她之后的人生悲剧埋下了伏笔。

　　阮玲玉报考了上海电影公司，凭着姣好的长相、出众的演技，她的名气越来越大，成为上海滩冉冉升起的一颗新星。然而张达民却始终不务正业，身无一技之长，整天沉迷于酒色、赌博，不仅花光了所有的积蓄，还欠了一屁股债。

　　这时的阮玲玉就成了他的摇钱树，没钱了就去找她要，甚至还跑到电影公司闹事。阮玲玉稍有反抗，张达民就会威胁要把他们同居的事情卖给小报记者。由于生性软弱，阮玲玉不敢反抗，只能默默忍受。心力交瘁时，她选择过自杀，幸好被母亲及时发现。

　　后来，她又遇到了唐季珊，对方也是一位花花公子。时间久了，他对阮玲玉失去了热情，不断地在外面找其他女人，当阮玲玉鼓起勇气责问他时，却招来他的拳脚相加。

　　一边是张达民的骚扰与勒索，一边是唐季珊的冷落和打骂，再加上一些小报记者的流言攻击，多重压力下，阮玲玉终于不堪重负，留下了"人言可畏"的遗言后，离开了人世。

　　细细思索，杀死她的，不仅仅是流言，还有她自己软弱的个性。两度遇到渣男，却没有勇气和他们一刀两断重新开始，反而选择忍气吞声，到头来只是助长了对方的嚣张气焰，还把自己逼上了绝路，最后早早地香消玉殒。

　　（4）软弱换不来尊重，强大才会。

　　不管是在职场上，还是在爱情中，一味的软弱，不能换来尊重、关爱和怜悯，反而会遭人鄙弃，令人生厌。唯有自己强大起来，才能赢得真正的尊重。

　　张幼仪在与徐志摩的婚姻里，也曾一度软弱退让，近乎卑微地乞求对方的感情。张幼仪出身世家，父亲是江南富商，几位兄长也是出类拔萃，而她温柔贤淑，性格和顺，是典型的大家闺秀。时人评价她"其人线条甚美，雅爱淡妆，沉默寡言，举止端庄，秀外慧中"。

　　在英国沙世顿，张幼仪惴惴不安地告诉徐志摩，自己怀孕了。徐志摩竟然想都没想，说："把孩子打掉！"她弱弱地说了一句"听说有人因为打胎死掉的"，徐志摩彼时心里装着林徽因，冷漠地回道："还有人因为坐火车死掉的呢，你看人家不坐火车了吗？"

当她鼓起莫大的勇气生下孩子，还躺在病床上时，就收到了徐志摩的离婚协议书。这时她终于明白，一味的软弱，只能伤害自己。

她不再犹豫，选择了离开，成为民国史上文明离婚的第一人。

可惜离婚后没多久，她的幼子就夭折了……也许当一个人一无所有时，才会无所畏惧。之后，张幼仪边工作边求学，先是在大学教授德文，随后出任云裳时装公司的总经理，不久后又出任上海女子商业银行副总裁，成为中国近代第一位女银行家。人们这才发现，这个女人如此坚毅务实，才华横溢，在很多场合都可以独当一面，堪称民国独立女性的代表。

当张幼仪变得强大时，徐志摩开始对她刮目相看，在他写给陆小曼的情书中，称赞说："她是个有志气有胆量的女子……她现在真的什么都不怕。"

曾经有一位心理专家说："在人的很多缺陷中，软弱是最不可饶恕，因为一旦软弱，就像交出了武器的战士，无力反抗外界的欺压，再好的本事都使不出来，都是无用的。"

因为，你一旦软弱和退让，就是向命运主动缴械投降，而投降的结果，是要付出代价的。所以，你可以柔弱，但不能软弱；你可以示弱，但不能懦弱；你可以与世无争，但一定要有绝地反击的能力和血性；你可以与人为善，但一定不要给不怀好意的人任何机会。

搞清楚什么是自己最想要的

幸福不是一种状态，而是一种能力。这是一个有关取舍的选择，也是自己甘之如饴的生活。明白什么是自己最想要的，首先要学会过滤掉那些可有可无的东西。

有一天在公园晨跑时，我看到一个步履蹒跚的老爷爷正牵着一个白发老奶奶的手，一步一步慢慢往前走，顿时感觉心都要化了。

我停下来，在晨光熹微中，望着他们的背影，真正体会了一把"执子之手，与子偕老"的真实和美好。

岁月匆匆，大部分的人终其一生拼尽全力，也不过是个平凡无奇的小人物。年轻时张狂的理想和青春，被社会慢慢"煮"得没有波澜。面对生命中太多的悲欢离合和破碎难圆，我们不得不接受生活的冷漠和残酷。

太多人向往轰轰烈烈值得回忆的人生。殊不知，那些拥有别人羡慕的光鲜亮丽生活的人，内心也可能承受着寻常人

无法想象的压力。或许，他们也在羡慕普通人拥有的自由和
轻松吧。

这世上有很多种活法，优秀的人活得精彩，普通的人也
有属于自己的感动，不能简单地以成败来论英雄。因为每个
人对成功和失败的定义都不同。

有些人觉得能做一手好菜，妻贤子孝、一家团圆、老人
身体好、孩子有出息就是成功；有些人觉得只要实现了人生
价值就是成功；有些人觉得事业有成才算成功……

幸福的生活，大体都一样，无非是拥有很多很多的爱。

我的同学小英嫁给了她的初恋。结婚后，小英开了一家
服装店，丈夫则在一家事业单位上班，工资不多，但还算清闲。
每天下班后，他就去小英的服装店里帮忙，到点了去幼儿园
接儿子，然后回家做饭。

小英关店门回到家，永远有热汤热饭在等着。炖排骨炖
鱼、烧菜拌馅儿，丈夫体恤她的辛苦，每天变着花样儿给她
做好吃的。后来小英二胎生了个女儿，凑成了一个"好"字，
一家人开心得手舞足蹈。

她告诉我，她的人生非常圆满。虽然有时候日子过得有
点紧巴，但夫妻二人的心是拧在一起的，他们在平凡的生活
中努力奋斗着，为了买套大一点的房子，为了给孩子提供更
好的生活和教育条件，每天都过得"热气腾腾"。

我们同班的另一个同学美美，她毕业后去了上海，做起了外贸生意。一个女孩子，在一线城市单枪匹马地追逐自己的梦想。三年后，她成立了公司，嫁给了条件相当的优质男青年。夫妻二人在上海落了户，买了房，还给母校捐过100万元的助学基金。

从某种程度上，她是成功的，值得骄傲的。可当我们三个人坐在一起时，她会十分羡慕小英的生活："你天天可以回去看妈妈，又儿女绕膝，享受天伦之乐，多幸福啊。"

"你也很好啊！"我和小英几乎异口同声地说道。

美美叹了一口气："我跟老公都非常忙，他一个月有二十天在外面出差。我因为生活节奏太快、压力太大，患上了失眠症和抑郁症，吃了很多药，目前都没办法要孩子……"

你羡慕我的锦衣华服，而我羡慕你的粗茶淡饭，人们的目标都是让自己生活幸福。

说实话，你不必羡慕别人的生活。别人的难处，我们未必扛得住。世界这么大，天外有天，人外有人，总有人比我们更优秀，我们无须逼迫自己跟别人较劲，在追逐别人生活的同时丢了自己的幸福。

每个人对幸福的定义不同。当心上人率先表白"我爱你"的时候；当孩子开口叫出第一声"妈妈"或"爸爸"时，每一个人的幸福感都是一样的。

　　四十岁的小梅跟丈夫来到城里已经有十年了。他们从结婚后，就一直在各处奔忙，先后干过家政、摆过地摊、卖过早餐。后来两人一起应聘到一家电器公司，当了安装工。

　　安装工是非常辛苦的工作，又脏又累还有一定的风险。夫妻俩为了供孩子上学，总是承担着最多的工作。

　　比如，夏天最热的时候，安装空调最多，安装一台空调外机能晒掉一层皮。小梅胖乎乎的，力气挺大，跟丈夫配合起来，不输一个壮劳力。安装外机的时候，又黑又瘦的丈夫麻利地从窗户钻出去，小梅就在他的腰上系一根粗麻绳，在里面用力拽着，充当他的防护措施，手上磨出了一层层老茧。丈夫装完回屋，总要抱歉地对妻子说："是不是我又胖了，你拽不动了，手疼不疼？"

　　小梅嗔怒："不许减肥了，我能拉得动！看你现在瘦的跟麻秆儿似的。"

　　等到天黑了，夫妻俩才收工，说着笑着回家做饭，熬一锅粥，炒两个小菜，丈夫爱喝小酒，小梅就让他喝上两盅。小梅爱吃肉，丈夫就往她碗里夹肉。在他们身上，我看到了勤劳朴实、开朗乐观和积极向上的力量。

　　去年年底，他们把老家的房子卖了，加上这些年的积蓄，在城里买了一套二手房。那套房离儿子学校很近，走路只要十分钟，他们对未来充满了希望。小梅说："只要夫妻恩爱，共同朝一个目标前进，辛苦点不算什么。我手里拉着的，正是我的幸福。"

　　普通人只要没有太多不切实际的欲望和诱惑，就比较容易安定和满足。人抛开名利与地位，不愁吃喝，没有欠款，家人身体健康，就足够了。

　　岁月匆匆，太多的人注定一生只能是个普通人，他们摆脱不了物质的困扰，但是知足的心态却能让他们体会到属于自己的幸福和圆满。

　　在这个世界上，有的人一出生就能坐上豪车，而有的人即使全力奔跑也追不上最后一趟公交车。

　　我身边有很多成功人士，也有很多普通百姓。上层人士锦衣华服，过着高质量的生活，内心却承受着常人无法想象的压力。他们偶尔会羡慕普通人的平淡与幸福。比如，和心爱的人牵手"压马路"；周末一家人出去郊游；带着孩子改善一下伙食……相比之下，普通人的幸福似乎更真切、更实在，也更容易获得。

　　作家马德曾经说过："人生的痛苦，源于活得太清楚。眼是审美的，结果纠缠在丑中，最后都审了丑；心是收藏快乐的，结果困于计较中，最后都盛了痛。不是生活有多少，自己就要清楚多少。幸福的能力，其实就是取舍的能力和过滤的能力。"

那么，如何拥有取舍和过滤的能力，获取自己想要的幸福呢？我的建议如下：

（1）不要和别人比生活。每个人的追求不同，活法各异，获取幸福感的源泉也不一而足。鱼与熊掌不可兼得，少一些攀比和计较，不要在羡慕他人的同时忽略掉自己的幸福，内心安然踏实最重要。

（2）多一些付出和感恩。幸福的背后是付出。要善于经营自己的幸福，学会发现生活中的美好，明白什么才是自己最想要的，对伴侣多一些宽容和体谅。遇到问题，及时沟通，才能让幸福走得长远。

（3）及时调整幸福的方向。我们可以把时间浪费在自己喜欢的事情上，但不可以困在自己讨厌的生活方式里。如果你发现自己无论如何努力，幸福指数都不高，那就需要重新规划自己的人生了。

尊重别人，也是律己

在日常交往中，懂得尊重别人是一种高尚的美德，也是有修养的一种体现。如果我们尊重他人，就可以打开对方的心门，给自己交往的机遇和友谊。

（1）不懂得尊重别人的人，不配得到别人的尊重。

我的好朋友闫姐是开饭店的，生意特别好。我发现在饭店里，"服务员"是客人叫得最理直气壮的称谓：

"服务员，倒水。"

"服务员，拿筷子。"

"服务员，上菜能不能快一点。"

"服务员，过来，打包！"

……

顾客的声音或霸道或温柔，但服务员永远是满带微笑的在说："好的，好的"。

有一回，闫姐饭店的服务员家里有事情，请了一个月假。

那晚我刚好去她饭店吃小龙虾，见闫姐忙得团团转，我主动当了一次服务员。

这时，包间内出来一个光着膀子的彪形汉子，上来就冲着我喊："服务员，打包！"

我手里还端着菜就说等会儿。他说等什么，再等他们就要走了。看他怒目圆睁的样子，我一点也不想为他服务。但为了不"砸"朋友的场子，我赶紧腾下手把餐盒递给他。他接过去，仍然不满意，又加大了嗓门吼道："我说让你打包，没听到吗？我自己能打包还要你服务员干什么？！"

"我花钱到这里消费，我就是客人，你们就得有求必应！"他又吼道。

闫姐从楼上下来，看见那人正在叫，赶紧赔笑脸说："来，我给您打包，她可不是服务员，是我朋友，帮忙的。"

那个彪形大汉正要说什么，同桌的一个客人从包间里面出来，认出了我："你是小木啊，你怎么在这里啊？"他很惊讶，也透着一丝惊喜："我是你的粉丝，可以跟你合个影吗？"

气氛一下子变得"诡异"起来。那个彪形大汉有点尴尬，"粉丝"则替他悄悄地向我致歉："对不起，你别往心里去，他今天刚丢了工作，想找我介绍新工作，心里郁闷着呢。"

我白了那人一眼："不管他是因为什么个人事情不高兴，也不该拿其他人来撒气。服务员、清洁工、按摩师，哪一个不是靠自己的劳动赚钱，难道他们不配得到你们的尊重吗？"

那个彪形大汉的脸红了，连声说："不好意思啊，是我有眼不识泰山。你说你一个大编剧怎么会跑来端盘子呢？"

我回怼道："这跟端盘子的人没关系，跟客人素质有关系。"

一个不懂得尊重别人的人，不配得到别人的尊重。

（2）失意时把自己当人，得意时把别人当人。

我也曾经开过一个烧烤店，实打实地给客人端过盘子，见识过形形色色的人。

六年前，我们和另一对夫妻合伙，雇了一个大厨和洗碗工，摆上桌桌凳凳就开始营业了。第一天，很多认识的朋友过来捧场，生意好到"爆"，可我们没钱请服务员，只能自己当服务员。

上菜、收桌、结账、开酒水，几乎一秒钟都停不下来，我们像个陀螺一样给客人提供餐饮服务。那时正值暑天，我跑堂跑得后背都是湿的。可即便这样，我们也满足不了所有客人，有些人嫌动作慢直接开骂；有些人嫌不合自己口味要求重换；有些人偷偷拿了啤酒不承认，说是自己提来的；还有些人一遍一遍地喊服务员……每天累死累活到凌晨，感觉身心都遭受了一场重创。

暑假，我们好不容易招了一名大学生做服务员，有一回她上羊肉串时不小心扎到了顾客，顾客不依不饶。我得知情况后赶紧过去赔不是，可那人坚决不原谅，黑着脸训了女孩半天，要求饭费全免。我记得，他的手背流了一点血，我给他免了 700 元的饭钱才得以平息。

那个女孩默默地流眼泪，生怕我扣她的工资："姐，我不是故意的，当时我并不知道他要转过身来。我在这儿赚点钱，是要凑下个学期的生活费……"

我拍拍她的肩膀，连忙说"没事没事"。那时一晚上的营业流水才两千多，可我没有舍得扣这个女孩的薪水。她现在已经大学毕业，拥有了一份体面的工作，时常跟我联系，说永远铭记我对她的尊重。

生活，对很多普通人来说，有很多无奈。特别是有一些人跟他人在比硬气，比话语权，却忘了成功的基石是谦虚和尊重。有一句话说得好，失意时把自己当人，得意时把别人当人。

恃强凌弱的人不见得有多大的荣耀和成就，因为他们骨子里就藏着失败的因子。哪怕侥幸成功，也终会有输了人品的时刻。

（3）谄媚是单向的，尊重是相互的。

想起苏东坡的一个故事。

他路过一个庙，庙里的方丈见他装扮普通，说了一句

"坐"，旁边的小徒儿会意，随手拿起一杯茶给苏东坡，说："茶。"随后苏东坡主动跟方丈攀谈起来，方丈惊奇地发现他上知天文下知地理，谈吐大方得体，便说了一句"上座"，然后吩咐小徒儿"敬茶"。交谈继续深入，方丈这才得知这位其貌不扬的客人竟是大名鼎鼎的苏东坡，内心十分激动，连连说："请上座。"随即招呼徒儿"敬香茶"。

苏东坡作别时，有感而发，送了一副对联给方丈：坐，上座，请上座；茶，敬茶，敬香茶。方丈看后很是惭愧。本是最该奉行众生平等的佛门清净之地，竟以势利眼看人，实属不该。根据他人的身份或轻贱或谄媚，其实丢失的是自己的人格。

《论语》有云："君子泰而不骄，小人骄而不泰。"真正有涵养有地位的君子，心中泰然自若，早已克制了骄矜之气，而那些上蹿下跳的小人，却总以为自己很了不起，试图欺压比自己更弱的人。

尊重不是无原则地讨好，更不是失去自我地谄媚。单向的谄媚并无法获得对方的尊重。人与人之间应该是平等的，理应互相尊重，从而达到情感上的共鸣。

（4）与人交往，最容易打开他人心门的钥匙是尊重。

在对待别人的态度里，藏着一个人的修养。

还记得有一个客户曾约我谈合作，吃完饭去 KTV 唱歌。

他对待女士都极为绅士，甚至下车时还专门小跑过来给我开门。

酒过三巡，大家都很开心，合作意向也基本敲定。这时，一个送酒的服务生来启酒，不小心碰倒了一个瓶子，里面剩余的半瓶酒不巧洒在那个人腿上，吓得服务生赶紧拿纸巾去擦，不停地说对不起。结果他一甩手给了服务生一巴掌："这是老子的新裤子！"

看得我目瞪口呆。

我当时没说什么，第二天直接告诉他，我们不适合一起合作。他到现在估计可能还没弄明白，为什么合作不下去了。

机缘巧合的是，另一个想让我帮着写文案的朋友来找我，在遭到拒绝后，没有过多的言语就走了。我从楼上看到他出门，就在他低头看手机的那一会儿工夫，一个骑三轮车的清洁工来不及拐弯，一下子蹭到他腿上，裤子被擦破了。

我以为他会大发雷霆，教训那个人为何骑车不长眼睛。却远远地看见他笑着连连摆手，还递给那人一支烟，一瘸一拐地走了。从那以后，我主动给他修改文案，分文不取。

细微处见人品。在马斯洛需求层次理论中，最高层次的需求是自我实现。当一个人实现了自我价值后，对其他人反而没那么苛责了。因为他会明白成功的艰辛，也会懂得生活的不易，他不会为难任何人，懂得尊重每一个不如自己的人。

真正的尊重是发自内心的，不卑不亢、有礼有节。给成功者以尊重，表达敬佩和赞美之情；给失败者以尊重，彰显自身的豁达与修养。

学会尊重每一个人，可以为自己拓宽人生之路。这样的人，即使低调，也璀璨得不容忽视，他能看得到高山雪莲，也能看得到泥泞中花开。

尊重付出过努力的自己

年轻的时候，人人都在渴望圆满。父母要恩爱，家庭要幸福，学业要优秀，爱情要长久，工作要稳定。可随着时间流逝，人们渐渐长大、成熟，才发现天下没有不散的筵席，世间也没有永恒不变的东西。所谓的圆满，不过是接受生命中所有的"不完美"。

不久前，朋友小桔参加毕业十年的同学聚会，回来之后，她给我讲了一个故事。

大学期间，小桔暗恋着班上的一位男同学。男生长得很帅，有一种忧郁的气质，正是这种气质，把文艺范儿的小桔迷得死去活来。男生喜欢去图书馆，小桔也天天去图书馆。只要是男生看过的书，小桔一定会在第二天借来看。

直到大学毕业，小桔也没有说出那句"我爱你"。在她看来，自己和高大帅气的男生差距太远了，而相貌普通平凡的自己，是女生里最不起眼的那一个。

大学毕业时，男生在小桔的留言册里只写了一句话：祝你一路顺风。这句留言，让小桔反反复复看了很多遍，每看一遍，心底都会黯然神伤。对他而言，她只是一个再普通不过的女孩，就连留言他也没多写几个字。

再见到他，就是这次聚会。大概是人到中年，经历过世俗的淬炼，小桔不再那么羞涩了，趁着一丝酒意，终于说出了口："哎，上学的时候，你是我心中的男神啊。"

同学们跟着起哄，毕竟那时小桔的心事，大家都看在眼里，男生自然也记着她上学时为他做过的那些傻事。等她说完，男生笑了笑说："太巧了，我也暗恋过你。"不知是玩笑还是真心，大家起哄得更厉害了。

"然后呢？"我忍不住问她。

小桔长舒一口气："没有然后，错过了就是错过了。我觉得我们现在各自美满，我绝对不会为了他放弃当下的幸福。"

很多故事，错过了当初预想的"完美结局"，反倒是一种庆幸。因为命运或许有其他安排，值得你更加珍惜。

邻居小华跟我同龄，他七岁时母亲就去世了。父亲很快再娶，继母不待见小华，在日常生活中处处苛责他，还经常给他吃冷饭剩菜。好在小华的二婶热心肠，看他可怜，经常偷偷往他怀里塞好吃的。继母怕别人说她恶毒，便不准小华去二婶家串门，小华受不了虐待，每天跟继母怄气、吵架。初中时，小华就辍学了，口袋里揣着向二婶借来的 100 块钱外出打工。他的继母眼不见心不烦，还编排他"总是逃学，将来肯定不成器"。

小华在外跌跌撞撞地闯荡了十年，他的父亲和继母对他不闻不问。而他对家乡唯一的挂念，只有二婶那慈祥的笑容。然而命运就是鬼斧神工，他阴差阳错地救了一个老板的命，被老板收为义子。这并不是电视剧的桥段，是真真切切发生的事情。那个老板的亲生儿子死了，膝下无子，将模样相似的小华收为义子，悉心培养，还送他出国留学，如今，小华已经是那家公司的二把手！

当他再次返乡时，是以成功企业家的身份回乡，他给镇上修了一条柏油路，建了一所学校。他的继母傻了，这个被她百般嫌弃的孩子，她再也高攀不起。

小华为二婶建了一座大房子，还雇了保姆，照料她的生活起居。而小华的父母已经年迈，依旧住在旧房子里，每日下地干活，操持家务。他的继母也想让小华为家里盖一栋大房子，小华的一句话让大家都为之动容："都说以德报怨，可我何以报德？一个人种下什么因，便收什么果吧。我能做到不恨你，就是最好的结局了！"说完，他撸起袖子，露出两条触目惊心的疤痕，那是当年继母用一把剪刀划伤他的，永远无法恢复了。

这不是个"老有所依"的完美结局，但我们都应该尊重小华的决定。

老纪和妻子是大学同学。老纪家里很穷，妻子嫁给他的时候，父母气得要和她断绝关系，可她还是义无反顾地拎着几件衣服就跟他走了。

一开始，两人租住在城中村，冬天没暖气，夏天没空调，上班要走很远的路才有公交站。每到冬天，妻子总是感冒，这时老纪会把她紧紧地搂在怀里，动情地说："你受的苦，我将来会用加倍的甜来回报你！"

慢慢地，老纪的事业有了起色，他们从出租房搬进小三居。妻子把工作辞了，专心在家带孩子，在所有人眼里，他们的婚姻是幸福的典范，他们是相濡以沫的恩爱伉俪。

但令人惊讶的是，老纪在开第三家分公司的时候，他们离婚了。原因不是因为出轨，也不是因为家暴，而是他和妻子不约而同地感觉到：两人之间的感情浅了，关系淡了。

以前躺在床上，他们恨不得把这一天的酸甜苦辣鸡毛蒜皮都和对方讲讲，哪怕遇到了流浪的小猫小狗，都能让他们聊得津津有味。那时候日子真苦，两人冻得缩在被窝里打哆嗦，可是心里却很甜，连对方打呼噜磨牙都觉得可爱。

可住进了大房子，两人以不干扰对方为由开始分房睡，各自有了各自的作息规律。随着老纪的工作越来越繁忙，生活越来越琐碎，两人关注的重心都不一样了，有时连话都说不上一句。

他们和平分手。老纪突然想起之前对妻子的承诺，心里有些愧疚，觉得辜负了一个女人最好的青春。可妻子却很淡然，爱情死了就是死了。一别两宽，各生欢喜。就像一盆花，你曾经尽力去呵护过它的花期，哪怕它最终没有结出想要的果实，只要它曾经怒放过，就不该遗憾。

不是每个故事都能有美好的结局，请尊重曾经付出过的自己。

电影《从你的全世界路过》里，讲了这样一个故事。

燕子曾经是个校花，追她的男孩子很多。有一次，一位同学丢了钱，所有人都觉得燕子是小偷，唯有一位外号为"猪头"的男生相信她，并且还做兼职替她还钱。受到感动的燕子选择了"猪头"做男朋友。

毕业之后，燕子去国外求学，"猪头"则留在国内，他把每天赚来的钱，都毫无保留地给燕子寄了过去。听说燕子要从国外回来了，"猪头"更是掏出所有的积蓄，借遍好友的钱，东拼西凑交了房子的首付，想向燕子求婚。

可是，燕子回来后的第一句话就是："猪头，我们分手吧"。

两人离别时，"猪头"故作坚强潇洒，笑着说："你要幸福哦，在没有我的世界里你也一定要幸福哦！"

可是，当燕子的车慢慢驶远，"猪头"还是忍不住哭着追在车子后面。但燕子没有回头。

张嘉佳说："故事的开头总是这样，适逢其会，猝不及防。故事的结局总是这样，花开两朵，天各一方。"

不是所有的故事，都会有美好的结局。不是所有的戏剧，都有完美的落幕。这是因为：

（1）真正的完美，在于接受自己的不完美。每个人都不是完美的，有些人和事不由我们控制。凡事看开一点，不要苛责自己，学会接受现实，不给自己太大的压力，这是一种生存智慧。

（2）尊重自己的感受，忠诚于自己的情感。爱是尊重和信任，不是无底线的付出。珍惜自己付出过的情感，不后悔爱过，不遗憾错过，允许故事有不一样的结局。

（3）不必刻意追求完美，因为那是一种折磨。关于完美只是一种虚幻的想象，我们只能在朝着这个目标努力的过程中尽力做到更好，不断地完善，不断地趋于完美，却永远无法达到十全十美的境界。刻意追求完美，是自欺欺人的沉重负担。

一个人悄悄崩溃，再悄悄与自己和解

年少的时候，我们有父母、老师、长者可依靠，偶尔偷懒和任性不影响我们的生活。人过中年以后，面对生活中出现的困难和挫折，我们要做的就是自己克服。遇到不能释怀的事情，也要想办法让自己放下。

芳姐迟到了 10 分钟，恰巧被检查工作的主管逮了个正着。

也许是想杀一儆百，主管借机把芳姐训了一通，当着整个部门员工的面，言辞激烈，毫不留情。芳姐像个手足无措的孩子，呆呆地站在一侧，头垂得很低，眼睛盯着脚下，非常窘迫。

办公室里一片肃静，有很多人替芳姐感到难堪。毕竟是快四十岁的人了，被一个小自己七八岁的毛头小伙子说得下不来台，换成谁都会难堪。

主管训完，扭头走了。芳姐还是站在那儿，一动不动。有人上前安慰，她才缓过神来，勉强笑了一下，转身去了洗手间。有同事不放心地跟过去，却见洗手间的房门紧锁，里面传出芳姐的哽咽声。

芳姐红着眼圈出来后，一头扎入工作中。面对同事的关心，她笑笑说："没事。"后来，我们才知道，那段时间，芳姐正和老公闹离婚。迟到的那天早上，老公签好了一份离婚协议书递给她，还没等她说话，哥哥打来电话，说母亲突发急病住院了。

在短短的几个小时里，芳姐经历了生活上的猛烈打击：孩子上学，婚姻破裂，母亲生病，她连哭泣的资格和时间都没有。唯一能做的，就是找一个角落舔舔伤口，然后站起来继续战斗。等她从卫生间出来，已经擦干了眼泪。只见她打了几通电话，安排好母亲的看护，抓紧时间完成了工作，又跟丈夫协调好了离婚事宜，风风火火往民政局奔去。

同事怕她出事，要去送她，她笑着摆摆手："没什么大不了，兵来将挡，水来土掩，我稳得住。"

人很容易崩溃，也很容易自愈。但都是一个人悄悄崩溃，再悄悄与自己和解。

想起不久前的一次同学聚会，来了十几个人。有几位事业发展得很好的男同学，坐在一起侃侃而谈，俨然一副成功者的模样。

席间，同学魏峰一直在接电话，每接一个电话，他都要走出去，回来之后和我们赔着笑说"对不起"。

我们打趣说他要是再接电话，就让他买单。话音才落，他的手机又响起来，这一次，在座的其他同学故意堵住了门，不让他出去。

无奈之下，他只好站在一旁接电话。不知道对方说些什么，他的脸色渐渐难看起来，就连勉强挤出来的微笑，都带着一丝哀伤。挂断电话，他沉默了一会儿，把面前的一杯酒一饮而尽，然后对我们说："不好意思，我上个洗手间。"

他去了很久都没有回来。有同学去找他，却发现他坐在饭店一侧的台阶上，脚边是一地烟头。

体制内的他，年近四十岁还只是一个科员。近几年单位机构改革，他豁出命地去干，一天只睡四五个小时，绩效成绩是部门最好的。本以为提拔有望，可到最后竹篮打水，还是没他的份。此时老婆又瞒着他借钱做投资，20 万元打了水漂。

同学聚会他本来不想来，怕被人看不起。果然，酒桌上不经意间的聊天，对他来说都是刺激。席间接到的电话，有要债的，有让他明天到单位加班的，最后那个是老婆打来的，说女儿在学校遭遇了校园霸凌。

生活和工作中的事情千头万绪，压力排山倒海般涌来，让他喘不过气来。但这世上没有一种药，可以医治成年人的崩溃，减轻他们上有老下有小的困窘。

在我们无能为力的时候，生活有时候像是一种惩罚。然而，正是一边崩溃一边自愈的过程，让我们变得更坚强。

2019 年，新闻上那个崩溃大哭的逆行小哥，因为骑自行车逆行被交警拦了下来。小伙子把身份证递给交警之后，却突然跑到桥边想要跳河，幸好被交警拦下来，他坐在路边，一边号啕大哭，一边讲着他生活中的种种艰辛和不易。

"我压力好大，每天加班到十一二点，我女朋友没带钥匙要我去送钥匙，我其实不想这样的。"

一次心慌意乱的逆行违章，成为压垮这位小伙子的最后一根稻草。他的难过和失控，来得猝不及防。很多人对他表示同情，因为从他身上，或多或少地看到了自己的影子。在生活中，一些外人看起来根本无关痛痒鸡毛蒜皮的小事，会突然让我们变得很沮丧，痛苦得难以自抑？

成年人的崩溃，都是从默不作声开始的。你甚至看不出他内心的痛苦和煎熬，因为他看起来很正常，谈笑风生，举重若轻，但你绝不会想到，他的内心正在经历或刚刚经历了怎样的煎熬。

网上曾经有人写过一份《成年人崩溃守则》，列举了 20 条成年人崩溃时的处理办法和守则：

成年人崩溃时，要看时间和场合，要讲究性价比；崩溃时要尽量安排在事情不多的时候，如果第二天还要早起上班，那么最好不要崩溃得太晚，以免影响休息；对于那些一生中难以接受的大事，也要尽量从容叙述成鸡毛蒜皮的小事；成年人崩溃时，一定要收放自如，前一分钟去厕所发泄一下就好，毕竟下一分钟还要开电话会议呢……

这份《成年人崩溃守则》的最后，写了这么一句：成年人的崩溃，往往以一句"没事"结尾。

是啊，再崩溃再心碎再无助又能如何？日子还得继续过，担子还得继续扛。成年人的世界，再也不能像小孩子一样累了就耍赖，坐在地上哭个不停，指望别人把你拉起来。

那么，我们如何唤醒自愈能力呢？可以试着从以下几点去做：

（1）对错误的归因能力。面对眼前的失误，从失败中汲取教训，找到发生失误的原因。勇于面对自己的问题，可将原因分类为可控因素和不可控因素。比如，迟到早退是可控因素，生老病死是不可控因素，不要过分苛责自己。

（2）反省和完善自我的能力。要在工作中逐渐发现自己的不足，补齐短板，完善和提升自我，保持良好的工作状态。同时，不要过高预估自己的能力，给待办事项进行重要性排序，一个个有条不紊地解决。

（3）找到适合自己的情绪发泄方式。负能量是一种消极情绪，每一个人都不可避免。找到适合自己情绪发泄的方法，不要被负面情绪困扰太久。因为你长久的积压非但无法稀释，还有可能钻进思维的死胡同。所以，一定要及时排解消极的情绪。

人生不如意十之八九。大部分的成年人其实都有过崩溃的经历，可最后都挺了过来。究其原因，就是因为我们身上扛着太多的责任，这份责任，叫"我对世界还有爱"。

接纳：给予自己空间和自由

我们从小就被教育如何坚强勇敢，却很少有人告诉我们：无论多么强大的个体，都有难以改变残酷现实的时候。该放手时要放手，该认输时就认输，这才是人生中的大智慧。

小美早年是大学里公认的校花，人长得很美，心高气傲，追求者众多。大四的时候，她接受了学校体育社体育部长的示爱，两人男才女貌，一度被传为佳话。毕业后，小美要回家乡，而男友要去大都市发展，从而产生分歧。

小美料定男友会为她妥协，于是提出分手，连夜赶回了家乡。然而小美左等右等，不见男友来"求和"，一打听才知道男友已经去了北京，而且据说还有了新女友。这怎么可能？那个追求了自己三年的男友，这么短的时间就爱上了别人！？强烈的自尊心不允许她接受现实，何况她的追求者那么多，凭什么要沦为被甩的一方？她不甘心。

于是她跑到北京，向男友讨要一个说法："你到底有没有爱过我？"

男友搂着新女友，淡淡地说了一句："曾经爱过，现在不爱了。"

小美感觉受到了莫大羞辱，她以为只要做出让步，男友就一定会回心转意。可他竟让自己在另一个女人面前出了丑！当那个女人带着胜利者的姿态，将男友从她身边带走时，她发誓一定要把他抢回来。

小美在北京租了房子住下，找了一份工作，一心一意要挽回男友。

好友不解："以你这样的条件，什么样的男人找不到？为什么非得在一棵树上吊死？"她回答："从小到大，一直都是我拒绝别人，什么时候轮到别人拒绝我？我要把他抢回来，再甩了他！"

听起来挺有志气，可耽误的是自己的青春啊。经过她长时间的坚持和"骚扰"，男友跟现任女友分手后，又跟另一个女孩在一起了。

小美崩溃了："为什么我把尊严都踩在了脚底下，你还是不肯回头？明明我比她更漂亮！"男友的话让她无地自容："你性格极端，不懂得珍惜，更不允许别人说'不'，我就像是你的一个猎物，得到了也会被抛弃。"

小美以为自己"死磕"一回，就能赢得最后胜利。可她不明白，男友早已看穿了她。小美无法接受这份失败，离开北京后沉溺在痛苦中。

其实，人的一生，就是和自己不断和解的过程。

情感上的爱而不得，生活中的无可奈何，事业上的难以转换……有时纵使拼尽全力，也有得不到的东西。接受生命中的某些遗憾，一别两宽，各自欢喜吧。

人生不可能事事如意，再优秀的人也有解决不了的难题，再顺遂的人生也会遭遇风雨。柏拉图说："人生最遗憾的，莫过于轻易地放弃了不该放弃的，固执地坚持了不该坚持的。"

世界上从来没有完美的人，一味追求完美，会忽略自己身上的闪光点，产生自怨自艾的情绪。如果坚持优秀很难，那就承认平庸。与其和生活"死磕"，不如主动走出阴影，与生活握手言和。

我们都是凡人，都有到达不了的远方。有时候放下过去，放下抗争，不是懦弱，而是以另一种姿态与世界和解。因为放下就是对自己的和解，就是对生活的接纳，就是与人生的握手。所以，请按照以下几点来提高自己对生活的接纳能力：

（1）正视自己的不完美，不做无谓的强求。勇于接纳别人的喜欢或不喜欢，不因此而产生自我怀疑。不抗拒、不逃避，客观地对待自己，与自己的缺憾和解。

（2）自我疗愈，学会接纳真实的自己。我们时常对自己感到不满，对工作和生活中产生的失误而自责懊恼，这样会使我们生活在痛苦中，无法真正的快乐。接纳真实的自己，就是坦坦荡荡对待自己的全部。

（3）善待自己，善待他人。如果无法改变环境，那就努力去适应环境，接纳生活；如果无法改变他人，那就试着去改变自己；如果改变不了自己，那就学会随遇而安。

人生说长不长，说短不短，不要再执拗于一时的不平和愤懑，让痛苦"翻篇"，我们照样可以活得高高兴兴，蓬勃向上。